花与树的
人文之旅

周文翰 著

商务印书馆
The Commercial Press

《竹林雉鸡》六曲屏风（局部），1930 年，小林柯白

目　录

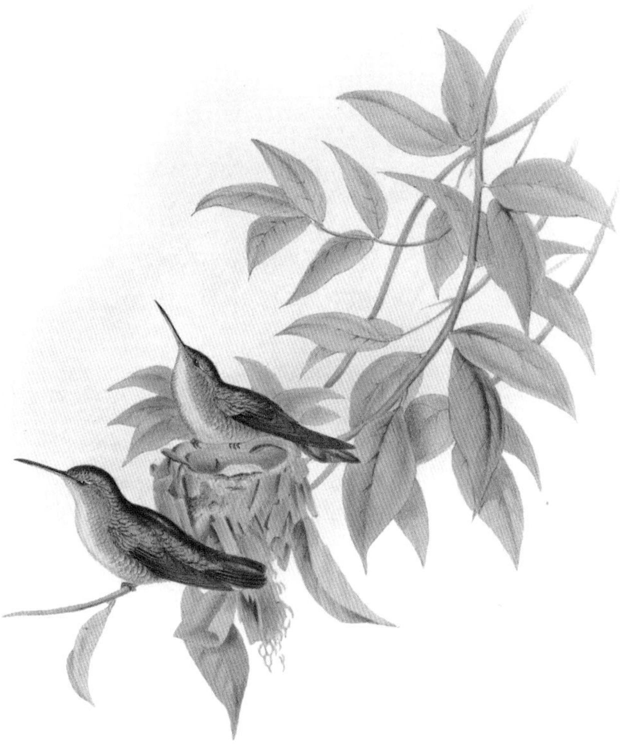

花开时节又一程

为了消磨旅行拉长的时日，我曾坚持以脚步丈量自己去过的大部分城市，从车站走到市中心，走到旅舍，走到博物馆，走到广场，走到古城墙……在海外大多数国家这是可行的，毕竟，相比如今中国那些正在急剧扩张的城市，它们大多只能算小城市。

等看厌了教堂、寺庙、展馆、古迹和街头涂鸦，就去探寻更生僻的地方，比如在加尔各答的植物园、曼谷的私家园林多待一会儿，在阿尔罕布拉宫观察喷泉如何运作，在罗马寻找古引水渠的残迹。有时候会半路在毫不知名的小镇临时下车，闲逛的时候，不经意间看到一户户人家的窗前挂着花，紫藤顺着一面白墙攀缘而出。印象深的是安达卢西亚人养花种草的热情，不，不仅仅是热情，这是他们生活本身的一部分，房前屋后总有花木盛开，收拾得干净利落。

这让我想起小时候母亲养的那些寻常花木，红绣球、凤仙花、吊金钟，想起上中学的时候校园在城市边缘，紧邻一大片田地，每到春季油菜花开时我们沿着田埂背书、散步。那时曾淘到一本旧书《群芳新谱》，讲一些花草的栽培方法和古诗文典故，出版时可能针对的是离退休干部，因此拉开距离看也挺有种老派的怀旧感。

后来读王象晋的《二如亭群芳谱》（简称《群芳谱》）、李时珍的《本草纲目》，这些有关植物的著作在挑剔的今人看来，或许插图不够精细，分类也有点荒诞——和林奈的植物分类学不搭界。其实明代是个特别有意思的时代，在商业和兴趣的驱动下，人们开始着力在各个行业、诸多方向上深究细赏，出版商、药物学家、爱看杂书的文人们纷纷撰文出书，于是有了徐霞客这样的旅行家、计成这样的园林高手、李时珍这样的药物学家和《金瓶梅》那样世俗味浓厚的小说。

和明代大致同时，文艺复兴以后欧洲人也对植物研究产生了很大兴趣，进而，随着殖民的脚步到全球搜集标本和移种植物，这也是所谓现代知识建构和传播、全球经济文化交流全面加速的宏大历史的展开。在好多博物馆里能看到欧洲的博物学家从中国、印度和东南亚采集的标本、精致的手绘图谱，它们足以构成迷宫一样的景致。

自然，书店、图书馆里也有各种植物有关的书，有的从现代植物学的角度辨析花草，诸如"科""属""种""多年生落叶小灌木"等名词让我发懵，爱读的是那些讲述植物学家、园林学家如何去世界各地搜集标本的故事，他们进行的是真正的"发现之旅"，而我的旅行更多地是在既有的指南地图中寻找到一个个景点。

算是为旅行留个纪念，拉拉杂杂边走边读边写，记下我曾见到的那些植物、看到的故事和对比之下的些微感想。让我好奇的是植物标本、命名在不同文化间"迁移"的过程中，人们对植物的"认知"以及"文化定位"在历史长河中发生了怎样的变化，这是像《群芳新谱》那样仅仅从中国古诗文、神话传说等"内部视角"出发解读植物的审美、文化意涵的传统著作不曾涉及的。

在古代，帝国的扩张、使节的往还、僧侣的传教促进了植物的传播和植物知识的扩展，但一种花木能否得到广泛传播、种植往往取决于一系列偶然因素和缓慢的人为改造。而大航海后的植物传播以现代知识体系的建构、全球经济体系对资源的商业开发为基础，波及规模和推进速度前所未有，一旦有市场需要或者进入公共建设范畴，就会形成规模化的开发，再进入全球的需求市场和知识体系的循环建构中。

在历史变迁中，不同的地方、不同的时代，对同种、同类的花草会有不同的命名和认知。即便是在中华文化圈，今天的我和唐代、宋代、明代的人看到的同一种花朵的前因后果就大不相同，比如现在中国很多城市的年轻人把玫瑰当爱情的象征，视向日葵的寓意为生命力的张扬，等等，可是500年前的明代人可能还没见过葵花籽这种东西呢。

养花种草方面我是新手，不敢教大家如何侍弄，姑且就在科学和人文、地域化和全球化、前现代和现代、中国和外国这诸多理念、机制、知识的变化纠结处和琐细缝隙里找些闲话说说。

是为志。

周文翰

2016 年

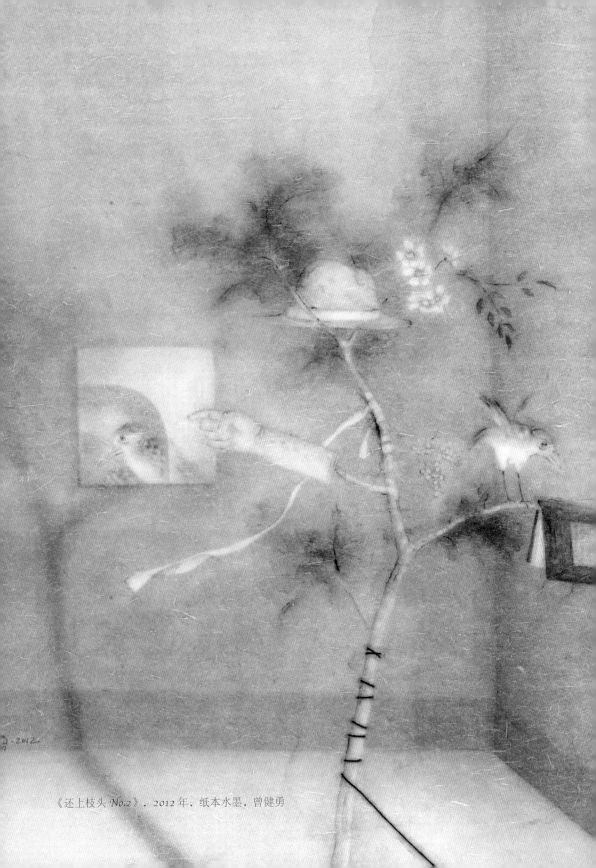

《还上枝头·No.2》，2012年，纸本水墨，曾健勇

向日葵：

科学之眼与艺术之眼

像我这样爱吃葵花籽的人，在马德里看美洲博物馆之前还没意识到，明代以前的中国人可能根本没有见过葵花籽，也没有看到过向日葵（*Helianthus annuus*）——也就是说，如果宋代真有潘金莲这个美貌妇人的话，她一定没嗑过葵花籽，可是写《金瓶梅》的明代文人兰陵笑笑生有没有见过向日葵却难住了我，因为他的书里只写到"瓜子"，可没说到底是南瓜子、西瓜子还是葵花籽。

从李时珍的《本草纲目》、太监刘若愚撰写的《酌中志》这些书来看，在明代流行的瓜子主要还是西瓜子，清代大概也是以西瓜子为主，葵花籽是清末以后才兴起的。

向日葵的原产地在美洲墨西哥一带，近5000年前美洲印第安部落就开始人工种植，野生向日葵在古印第安人的培育和选择下，花盘逐渐变大，籽粒增多，分枝习性逐渐退化成只开一盘花，结一巢果，并最终成为今天我们所见的栽培向日葵的模样。印第安人吃它的花，也把种子磨碎了做面粉。直到16世纪初才由航行到美洲的西班牙人把它带到马德里的皇家植物园当作花卉来观赏，进而传播到西欧各地。17世纪末有人尝试把嫩花加上佐料做成凉拌生菜吃，并把籽粒采来作咖啡粉代用品和鸟饲料。估计那时候在欧洲这也是新

Corona Solis Tournefort 489. Helianthus. Linn. Spec. Pl. 1276. Ital. Girasole grande Gall. Soleil —

《向日葵》，1783～1816年，手绘图谱，乔治·博内利（Giorgio Bonelli）

《手指向日葵的自画像》局部，1633 年，油画，安东尼·凡·戴克

奇的植物，17 世纪中叶在伦敦为宫廷权贵作画讨生活的佛拉芒画家安东尼·凡·戴克 (Anthony van dyck) 的一幅自画像上就出现了向日葵花盘，估计那时候的英伦人士还觉得这种花木是新鲜事物，否则不会如此郑重其事地摆在富贵人家的厅堂中。

　　与地理大发现同步，植物学也是在 16 世纪发生了根本的转变。从上古到中世纪，欧洲对植物的研究主要来自对草药治疗作用的观察和研究。16 世纪 40 年代意大利比萨、帕多瓦等地建立的早期植物园也是大学附属的药草园，目的是帮助学习医药学的人辨识将要使用的药材，但是到 16 世纪末，他们开始全面研究植物的分类、使用乃至经济效用，古老的实用性药草图绘也被更为写实的手绘植物图谱取代。

　　西欧的殖民者把向日葵传播到世界其他地方，大概也是在明代中期从南洋——那时候西班牙人、葡萄牙人和荷兰人已经盘踞在那里——传到中国的华南、华东。

明嘉靖年间 (1522 ~ 1566 年) 浙江的《临山卫志》就有关于向日葵的记载，万历年间赵岐著的《植品》卷二中提到当时西方传教士将"向日菊"和"西番柿"传入。曾在浙江为官的山东人王象晋在《群芳谱》(1621 年) 中把这种新鲜物种称为"丈菊"，大概是因为花朵的颜色让人联想到菊花的姿容，而且长得挺拔，同时他还提到其别名"番菊""迎阳花"，有意思的是他最后不忘写一句，说这种花"有毒，能堕胎"，可见在新奇事物刚到来时的传言之玄虚。苏州文人文震亨 1639 年的《长物志》首次使用了"向日葵"这个名称。估计当时还是当作观赏，并没有用来吃和榨油，也没有得到大面积的种植，所以明末徐光启的《农政全书》、李时珍的《本草纲目》这两部巨著中都没有提到向日葵。如果兰陵笑笑生果然是明代中晚期的山东人，估计还没有见到过向日葵这种番邦来物呢。

那时候欧洲传教士、商人带到中国的东西还真不少，除了向日葵和"西番柿"，同属美洲作物的烟草、玉米也是那时候从海外传入。向日葵既可观赏，又可食用，对温度、土壤的适应性较强，从明代中叶到清末，两三百年间向日葵逐渐从华南、华东传播到各地。

清初陈淏子在《花镜》（1688 年）中写道：向日葵"结子最繁，状如蓖麻子而扁。只堪备员，无大意味，但取其随日之异耳"。大概是说它只能在花园边角充数，并不受人重视。到嘉庆年间吴其浚明确记载："其子可炒食，微香。……滇黔与番瓜子西瓜子同售于市。"似乎是西南人首先尝试把它当作零食，晚清中国人才逐渐养成嗑葵花籽的嗜好。我有点怀疑它的流行和晚清青楼、鸦片馆的成规模出现有关，那里面的人有大片的闲暇可以用嗑瓜子来消磨。

小时候我乡下的舅舅种向日葵，因为葵花籽可以榨油，所以那里很多农民种植一种叫"油葵"的杂交油用向日葵，种子出油较多，用于榨油。到秋天的时候田里全是一个个灿然的花盘，街市上就有人直接出售刚掰下来的"盘子"，人们用拇指和食指夹出一个个外皮刚呈现出灰色的生瓜子，剥出翠白的籽儿吃下去。这种可食用而且实用的植物在我的童年印象里说不上多美或者多特别，就和大白菜、胡萝卜差不多吧。

奇怪的是，上中学的时候我却很自然地——就像很多同学一样——接受了梵高的油画《十四朵向日葵》赋予它的象征意义：一片绚烂的黄，象征着内心的虔诚，甚至带有一点疯狂。听说有人——特别是日本人——为此到法国南部的阿尔寻找向日葵，还有梵高住过的"黄房子"。生前籍籍无名的梵高在 20 世纪初被欧洲艺术界重新发掘和认识，但成为"众所周知"的文化偶像要拜美国发达的大众媒体传播：1934 年，美国作家欧文·斯通（Irving Stone）的《渴望生活——梵高传》问世，成为大众畅销读物；1956 年，好莱坞将其改编成同名电影上映；后来斯通的书 50 年间更是陆续翻译成 80 余种文字在世界各地发行 2500 万册。梵高其人其画早在 20 世纪初就由去日本、法国学画的留学生传回国内，但是那时候还仅仅为油画界熟悉，到改革开放后他的绘画和生平才获得广泛传播——以 1982 年《梵高传》的出版和热销为代表，梵高成为文化界都知道的"典故"，他身前和身后的对比、困苦而疯狂的经历影响了很多人对于艺术家角色的想象。

我如此容易接纳向日葵的象征意义，还因为它和一个更庞大的象征意象太阳相关，太阳亘古以来就是人类熟悉的象征系统，从古代的大神，到近现代受到崇拜的政治领袖、祖国、理想，都能和这个耀眼的恒星拉上关系。古代南美洲的印加人就把向日葵当作太阳神的象征，而古希腊神话中也讲太阳神赫利俄斯（Helius）的情人水泽之神克吕提厄（Clytie）遭到前者抛弃以后，就天天痴情地守望着赫利俄斯驾驶太阳车东升西落，最终化为一株向阳花——应该是一种类似菊花的植物。其实，有向阳特性的植物也不仅向日葵一种。北宋诗人梅尧臣《葵花》诗里写的"此心生不背朝阳，肯信众草能翳之"的葵花大概是向阳的如秋葵、蜀葵一类的植物。

向日葵之所以向着太阳生长并不是因为人类赋予的意义，而完全是出于物性：向日葵花的向光性是短期性的，从发芽到花盘盛开之前这一段时间，叶子和花盘在

《向日葵》，1888 年，油画，梵高，英国国家画廊藏

　　1888 年 2 月 20 日梵高到法国南部的阿尔小镇，创作了一系列"向日葵"作品。他描绘的是 19 世纪的具有黄色双重花瓣的突变体向日葵。与今天通常所见的单螺纹的、较大花盘的向日葵不同，后者是为了生产葵花用于榨油或食用，所以要培育更大的内部花盘；而梵高描绘的向日葵内部花盘较小，有着突出的大而美丽的花瓣，更具有观赏性。

《向日葵画家》(梵高画像),1888 年,油画,高更,阿姆斯特丹梵高博物馆藏

　　1888 年 10 月 24 日,高更来到阿尔,与梵高在此度过了艺术史上著名的 62 天。最初两人常常共同散步,共同作画,此画就是描绘梵高当时创作《向日葵》系列作品的情景。但三四周后因艺术观念、生活方式的差别导致两人疏远和争吵,焦躁的梵高后来竟然在屋里割下自己的耳朵。此后梵高被送进精神病院治疗,高更返回巴黎后再也没有见梵高。但梵高创作的《向日葵》给他留下深刻的印象,他在塔希提岛的花园里种植向日葵,创作了一系列有着热带气息的向日葵作品,也许这会让他回忆起和梵高在法国南方度过的那些日子。

白天追随太阳从东转向西,是因为在阳光的照射下,花托部分的生长素含量升高,刺激背光面细胞拉长,使得幼茎朝向生长慢的东侧弯曲,即向日葵顶端(花盘)早晨向东弯曲。随着太阳在空中的移动,改变光照方向,向日葵顶端(花盘)也不断改变方向,中午直立,下午向西弯曲,等太阳下山后,生长素重新分布,又使向日葵慢慢地转回起始位置，再次朝向东方等待太阳升起。可是随着向日葵的花盘增大，花盘盛开以后，向日葵早晨向东弯曲、中午直立、下午向西弯曲、夜间直立的周而复始的转向过程会逐渐停止，花盘也会低下头不再旋转。

把向日葵和太阳联系起来的另一重关系是它开的黄花类似阳光的色彩，不过，这种长在花盘四周呈橙黄色的舌状花实际上只有装饰作用，它们无法结出瓜子，中央的管状小花才是可以生殖的，每朵小花含五个雄蕊和一个雌蕊，全部小花数约500～1000朵不等，如果将来都结实，便有500～1000颗葵花籽。在传粉后的两三周内，小花渐渐凋零，下面会长出卵状的小果实来，也就是俗称的葵花籽。花盘下面的茎上还长有细毛，摸上去有点粗糙感，所以把葵花盘扭下来时会有扎手的感觉。

我不知道梵高是否也像我这样掰开花盘吃瓜子，可他一生中画那样多的向日葵确实有些奇怪。他曾经在写给弟弟提奥的信里说过自己笔下向日葵的象征意义：画十二朵就代表耶稣的十二门徒——不要忘记他曾经做过牧师；十四朵的话就是他想象中南方画室"黄房子"的14个艺术家成员。

可惜，神经兮兮的梵高和刚赶来相聚的另一位画家高更在他狭小的画室中仅待了几周便闹得不可开交——不知道是彼此观念差异太大还是为了争夺情人，两人吵了一通后梵高竟然割下自己的一只耳朵，这股疯劲吓得高更落荒而逃。后来在太平洋中的马克萨斯岛上，高更在他去世前的两年，画了一张叫《椅子上的向日葵》的画，终究，那黄色还是带给他一些温暖的回忆。

高更和梵高都厌恶巴黎这个大都市，高更选择了隐居岛屿描画热带部落景观，而梵高确实有点疯狂，他要在南方画热烈的太阳和低垂的星空，那种升腾的感觉和绚丽的色彩能激发他的情感。梵高的向日葵，就像莫奈画的莲花一样，已经固定了很多人对于这两种植物的印象。可是梵高现在存世的11幅向日葵画都是插在花瓶中或者刚割下来的花盘，没有在地里生长的向日葵，这也证明他在另一封信里的话更接近事实：他似乎完全是因为这花的黄色和蓝色墙壁有着优美的对比才开始着手要让"这未经粉饰的铬黄燃烧在蓝色的背景之上"。此后他便一发不可收，接连创作出一系列作品来。也许，向日葵是向着炫目的太阳生长的，那不可直视的太阳旋转着放射出光芒，引领他的思绪升高到尘世以外。

可是当我真正看到梵高的画时，我却又怀疑了，这些向日葵并没有我之前想象的那样张狂，这些画似乎已经有点枯萎，它们更像是在进行挣扎的生命一样，是在干枯之前的最后一次释放。

梵高在晚年对黄色的偏爱是明显的，连自己住的房子也刷成黄色。自然，有关于黄色象征意义的各种哲学和宗教的解释，可是我觉得最好玩的一种说法来自科学家们：1981 年，美国华盛顿哥伦比亚特区乔治城大学医学院的医学博士托马斯·李（Thomas Courtney Lee）就提出，梵高晚期偏好黄色可能是由于服用药物洋地黄引起黄视症而带来的色觉偏差。

的确，梵高一家存在明显的家族性精神病史，梵高在 20 岁时已有了抑郁症的某些症状，后来还不时有激烈的躁狂倾向。他也接受过一些治疗，而当时治疗这种精神疾病的基本药物就是洋地黄。他的《加歇医生的肖像》里也出现过玄参科植物紫花洋地黄的花朵，这些花干了以后就用来制成洋地黄做药。

洋地黄这种药物是带有毒性的，长期服用可能会带来眩晕、视觉模糊、黄视症等副作用，患有黄视症的病人看到的世界会是黄色的，就像带了一副黄色眼镜一样，眼前还会出现各种颜色的晕环、旋涡，而梵高后期的绘画中那些旋转的星空似乎是这种症状的体现。他对黄色的偏爱，似乎也正是因为常经历这症状造成的影响。

这些科学家从医学和生理角度提出的说法和之前的艺术评论家们从理念出发做出的种种解释——诸如真理、象征、创造、艺术革命，等等——完全不同，甚至因此显得有些钻牛角尖和搞笑。可是我觉得这种理工科知识分子的跨界研究却是非同寻常地重要，因为人文知识分子、艺术史家们已经给向日葵画加上了太多的意义负担，而科学家们正在把梵高的眼睛还原成人的眼睛，还原成一个生理和物理构成的平凡世界。

在梵高绘制的向日葵成为一种文化符号之前，向日葵在欧洲似乎只是花园中普通的观赏植物而已，而且到 18 世纪就有点不受待见，或许是因为它的粗大、有毛刺和当时上流社会那种精致的审美趣味并不合拍。反倒是在当时西欧人看来粗野的俄罗斯帝国的彼得大帝在 18 世纪初考察荷兰的时候，把这种有着绚丽花朵的植物引入俄国——这说明这位皇帝的趣味与众不同，喜欢这种花的亮丽，还有它的经济价值，说不定他也是个瓜子爱好者。

1829 年，俄国沃罗列兹省比留奇区阿列克塞耶夫卡村的农奴波卡略瓦从葵花籽仁中榨出食用油来——虽然早在 1716 年英国人 A. 布尼安就从葵花籽中提取出油脂并获得"向日葵油提取法"的专利——之后俄国人开始在田地中大面积种植，到 19世纪中叶，由俄国人育成的各种盛产油的向日葵栽培品种又从俄国传入北美的美国和加拿大，这时候它逐渐成为一种生长在田地里的经济作物和集群性观赏花卉了。这种新奇玩意最终成为苏联的国花，寒冷的俄罗斯可能比任何国家都更需要这黄色象征的温暖。

松：

从树到文化景观

在罗马，松树是一大景观。

市中心角斗场周边的各个古迹间、郊区古引水渠的两侧，常能看见一棵棵形如伞盖的古松静立着，似乎是给蓝天画上绿色的休止符，提醒来去匆匆的过客不妨停下脚步，在它的荫翳下歇脚、沉思。在那里逗留的日子，我喜欢坐在松树下观望，有时想，要是能像这些松树一样不紧不慢地生长，也算逍遥自在。

罗马的这种松叫意大利石松（*Pinus pinea*，又名笠松、意大利松），很久以前的中文科技文献中曾称之为"意大利五针松"，这其实有错误，到 20 世纪 80 年代有植物学家订正说这种松树的针叶是二针一束，是地中海地区的原生树种，在南欧、西亚比较常见，6000年前的先民就曾经以松子为食，后来才移植传播到北非、南非各地。公元前后古罗马的大道、引水渠边就常能见到这种松。不过近代以来它最大的作用是作为园林观赏树木，在文艺复兴时期意大利的贵族开始刻意种植用于布置园林，因此意大利石松常常在罗马的形胜之地占据一席之地。文艺复兴画家笔下描绘古罗马废墟的作品中，也常常能看到石松的身影，可见这在罗马是从城市到乡间常见的树木。

罗马的松树是这样的醒目，以至于到 20 世纪初，意大利作曲家

Tab VII.

Ferd.ª Bauer delin.

Pinus Pinea

Weaver sculp.

《意大利石松》，1884 年，手绘图谱，费迪南德•鲍尔（*Ferdinand Bauer*）

《在阿文丁山上看罗马》，1836年，油画，威廉·特纳（William Turner）

奥托里诺·雷斯庇基 (Ottorino Respighi) 特意为它们写了四乐章交响诗《罗马的松树》，依次用博尔盖塞别墅、卡塔科巴墓地、吉阿尼库伦山、阿皮亚大道上的松树作为引子来叙述他对罗马这座伟大城市的风景和历史片段的联想与回忆，休憩、欢会、死亡、出发和回归，都在松树的阴影发生。相比之下，我在西班牙首都马德里见到的石松常被修剪成诸如云朵、城门的造型，显得太过刻意了——不过想想中国工匠怎样折磨小树苗来制作盆景，我觉得完全能原谅他们。

植物学上定义的松科松属植物 (Pinus) 有上百种，在亚欧美非四大洲都有原产品种，但普通人不像科学家那么喜欢给予细致的辨别和分类，而是凭印象把那些每 2

至 5 根针叶长成一簇、会结松果、四季常绿的树木泛称为松。除了山林、城市中常见之外，松树现在最常见的是作为圣诞树出现。

其实用树枝作为圣诞节装饰的历史很长，在公元 200 年左右就开始了，人们用绿色的树枝来象征信仰基督的基督徒能达到永生，不过那时候对用什么树枝并没有特别要求。大约到 17 世纪初，德国人把长青的松树或杉树拿到屋中作为圣诞节装饰摆设，据说是宗教改革家马丁·路德首先把蜡烛放在树林中的杉树枝上，然后点燃蜡烛，使它看起来像是引导人们到圣地伯利恒去，时至今日人们已经改用电灯泡了。到 19 世纪中期，英国王室在圣诞节用松树枝来装饰温莎宫城堡，这以后用松枝作为圣诞节的装饰才逐渐在欧美流行；后来随着美国的大众文化如电影、电视、摄影的发展，才被传播到世界各地的基督教信仰者中间。他们会在圣诞树上挂琳琅满目的装饰品，顶端则是星形标志，象征三博士跟随这颗星找到耶稣。

除了在圣诞节使用种植的圣诞树，18 世纪的人们开始尝试用干木头、干树叶等制作人造圣诞树，这比移栽真树要方便，也不会老是掉落针叶。19 世纪德国人还发明了羽毛仿制的人造圣诞树，把染成绿色的鹅毛粘在金属丝上，再将金属丝卷成环形，绕于"树干"周围。20 世纪初羽毛圣诞树在美国曾非常流行，后来美国商人还研发出刷毛圣诞树、铝制圣诞树。有趣的是，现在浙江义乌是全球最大的人造 PVC 圣诞树的制造和出口基地。种植的圣诞树因为各国生物检疫方面的限制不好进出口，所以好运输、可重复使用、价格便宜的人造圣诞树最近 20 多年越来越流行。义乌有几百家企业生产圣诞玩具、圣诞树、圣诞服饰等上万个品种的圣诞商品，一度占有全球圣诞市场超过 50% 的市场份额以及美国九成的人造圣诞树市场。这是在经济全球化以后形成的全球产业分工，中国因为人工、材料便宜，制成品价格更低、质量也更有保证，就成为最主要的出口国。

和罗马的园林类似，中国的古典园林中也常有松的身影，例如北京北海公园、颐和园中的油松（*Pinus tabuliformis*）、白皮松（*Pinus bungeana*）都有几百年的树龄。松在日本古典庭院中也是一景，比如金阁寺对面镜湖池中方圆一两米的小洲上种着两棵松，那孤挺相对的样子真有"松为友"的意涵。日本的"枯山水"也许和不事雕琢的禅宗思想以及北宋绘画的影响有关，用耙出水纹的白砂象征溪流湖海，石头象征山岳涧壑，配以树木苔藓，构成咫尺间的天涯。

日本园艺家爱用移植自沿海地区的黑松（*Pinus thunbergii* Parl.），那深裂的黑色树皮、冷冽的深绿色针叶和顽强的生命力就像是武士一样站立，就像流传了千年的宋画上的松树一般黑黝黝的。白色砾石和黑松的配合可以在日本很多传统园林中看到，二战后岛根县安来市新建的足利美术馆的庭院也用到了这种方法。

其实黑松在幼年的时候枝条如同车轮辐条一般伸张开，但是经历风雨的侵袭，慢慢地有的枝条折断、死去，颜色也分化出不同的层次来。似乎为了与男性化的黑松对比，日本人常常在黑松边种植一些红松（*Pinus koraiensis*）——和黑松一样，红松之名也来自它的树皮颜色，即一种暗淡的橙红色，枝干纤细的它自然隐喻着女性的角色。而在中国，松树似乎只象征老人和男人，他坐在南山的松篁下，在松亭里，穿着松绿的大袍子，手拿松扇轻轻晃动。

松树能长得巨大，苏州网师园的"看松读画轩"、拙政园的"听松风处"、承德避暑山庄的"万壑松风"不是平常人家轻易可以置办的，得有地方、有钱。幸好中国文士找到了山林之松的替代物——松树树桩盆景。现在常见的是五针松（*Pinus parviflora*）、黑松做的盆景。

到清末民国时期，文竹（*Asparagus setaceus*）传入中国，似乎可以说是对松树盆景的一种审美补充：文竹本是原产非洲南部的常绿藤本植物，和松树没关系，也不像松树那样耐寒耐旱，它喜欢温暖阴凉的环境。可文竹清新的绿像竹子，曲折、文静的枝干姿态接近松，因此从清代传教士、贸易商将其带入中国沿海以后，慢慢就进入了中国家庭。文竹符合许多文人钟爱的松树文化形象：羽状叶片像松树的枝干一样层叠起来，托载起一片悠悠的天空，可以容得下片刻遐想。

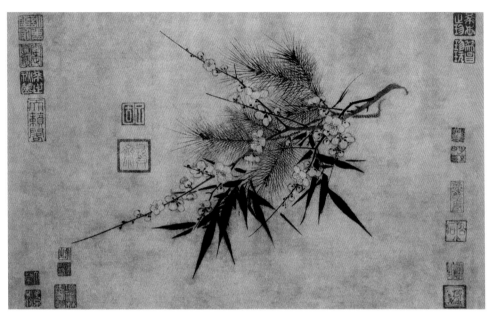

《岁寒三友图》，南宋，纸本水墨，赵孟坚，台北故宫博物院藏

在园林之外，名山大川里的松树就更多了，如黄山的迎客松、长白山的美人松等，文人墨客给予它们各种雅致的名称，使之成为人们花钱买票参观的对象。最著名的黄山松似乎已经完全审美化了，我们一看到松就从外形上来对照旅行指南上的"迎客""送客"的姿态，至于松的表皮、枯荣乃至真假——以前有段时间传说黄山的一些松树已经枯死，是塑料做的——并不重要。

在旅行中，陕西太白山的松林和云雾给我留下的印象最深。太白山海拔 1300 ~ 1800 米处油松分布较集中，海拔 1900 ~ 2300 米在骆驼树至斗母宫之间有华山松（*Pinus armandii*）的松林。那是 2001 年的夏季，我独自往斗母宫走去，天色已经傍晚，看着云雾聚散、听着微风流荡，半山的松林确有"松涛"的感觉，再往上就只有悬崖峭壁间偶然可见几棵华山松。后来留宿在道观，还下起了雨，第二天一早看松树就格外的绿和润。

泰山的松树也有名，尤其是山东人孔子在《论语·子罕》篇曾感叹"岁寒，然后知松柏之后凋也"，从此苍松翠柏就成了话题，后来宋朝文人拉来竹、梅与松凑成岁寒三友，明代文人加上菊花又称"四君子"，都是从这里出发做比喻象征的。泰山上多油松，著名的"望人松""五大夫松"都是油松。"五大夫松"只是凑巧在秦始皇爬泰山的时候帮他挡了一会儿暴雨，这位狂妄的帝王就封这五棵大树为五大夫。按照秦代的二十级爵位，大夫为第九，接近现在的县长吧。

民间往往松柏不分，好多地方所谓百年、千年"老松"其实都是柏树，比如南京东南大学校园西北角梅庵南侧的"六朝松"，按今天的科学分类应该是"桧柏"（*Juniperus chinensis*）。松树的叶是针形的，尖尖的像针一样，柏树叶虽小而狭长，却是圆润的鳞片状，也就是"扁的"，它们的球果也不一样。但人们还是习惯性地叫它们六朝松——传说是1400年前由梁武帝亲手栽种的，号称南京最古老的树。此处距离"古堞烟埋宫井树，陈主吴姬堕泉处"的胭脂井不远，六朝时是皇宫的中心区，或许真有可能经历千年战乱幸存下来。这样年纪的老树主要是靠外面的树皮传输养分，现在人们用钢管来维持它挺立的姿势，甚至给已经枯死的树干内部浇注砂石，但是树冠的绿色枝叶总算证明这棵树还有一口气在。

松是不会说话的，不论是孔子的夸赞还是秦始皇的分封都是赋予它们以文化寓意和身份象征。中国人视松为吉祥物，题名《松龄鹤寿》《松柏常青》的画也格外地多。其源头是《诗经》中对君主的祝辞"如南山之寿，不骞不崩，如松柏之茂，无不尔或承"，后来演变出"寿比南山不老松"这句吉祥话。

松是一种老相而长寿的植物，也许是因为长年绿色和嶙峋表皮形成的组合给人的感觉就好像一个迟钝的老人长了副婴儿脸似的。有意思的是汉代以后兴起的道教对松树能够四季常青似乎不仅有文化上的类比，而且进行了"实际应用"，出现诸如服食松叶、松根以期飞升成仙、长生不死的"实践"。也是在魏晋时代，松树和翩翩飞翔的白鹤结合在一起，有了飘然的仙气。静止的松和飞跃的鹤，似乎恰好是

《牟司马相图》，清代，绢本水墨，
禹之鼎，中国美术馆藏

《松下裸者图》，1959年，油画，毕加索，芝加哥艺术学
院藏

中国古代绘画经常描绘松下问道、品茶的题材。这幅康
熙时期的宫廷画家禹之鼎所做《牟司马相图》稍有不同，描
绘的是一位能文能武的人物的休闲生活，一老松虬枝下有一
榻一屏风，主人公随意靠坐木榻之上，书籍、宝剑在侧，丝
竹之乐在耳，似有醉意。

而毕加索似乎看过"槐荫消夏图""松下问道图"之类
题材的中国绘画，他创作了一幅故意做对的作品：松树下有
个立体主义风格的裸体者在睡觉。

一种内在的静修和外在的、突破性变化的对照和比喻。

唐宋以后儒家、道家和佛家似乎都承认了松树的文化象征意义，唐代吴道子时
常把松树画在壁障上作为人物的背景，诗人李白把松树当作与桂枝、灵芝并列的"仙
药"。中唐闽越诗人朱庆余曾在《早梅诗》中把松树与梅、竹相比，到南宋时候出
现关于"岁寒三友"的绘画和说法，取松、竹、梅傲凌风雪、不畏霜寒之性，用来
比喻士人的品节。这以后它就成为中国诗文和绘画中的常客，出现的频率远远高于
世界其他国家，这大概算是一种特殊的文化景观吧。

芭蕉：

丛生和孤立

我在释迦牟尼诞生的地方——尼泊尔蓝毗尼——看见过成片成片的野蕉（*Musa balbisiana*），可那热带催生的温热生命似乎和我无关，我的情调仍然停留在江南古典园林里那株芭蕉（*Musa basjoo*）限定的图景中。或许，这就是多和少的美学：成千上万，是植物学，是种植经济，而减少到一株，两棵，安置在窗前墙边，就是审美。

如今大家最常接触的芭蕉科（*Musaceae*）芭蕉属（*Musa*）植物应该是香蕉（*Musa × paradisiaca*）的果实，那黄皮白瓤的可口水果，一年四季在超市都有供应。据考证，芭蕉属植物原产于亚洲东南部热带、亚热带地区，东南亚的农民最早种植的是小果野蕉（*Musa acuminata*），最初可能是在巴布亚新几内亚驯化的，后来传播到东南亚西北部，与在印度东部、东南亚和华南广布的原生野蕉杂交，形成香蕉这一杂交品种，再被人们引种到世界各地。而芭蕉没有这样大的经济价值，主要在中国、日本被当作观赏植物，在秦岭、淮河以南的乡野也不时可以看到。

苏州比蓝毗尼喧攘沸腾，车水马龙间难得有片刻安静，可一看到庭园墙角的芭蕉，总能让我安静一点。芭蕉的潇洒风姿要有青瓦、

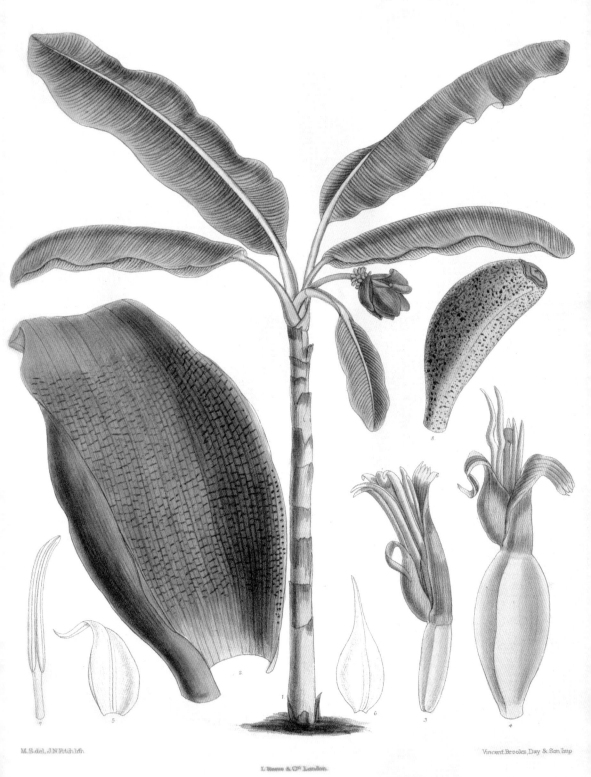

《芭蕉》，1891 年，手绘图谱，玛蒂尔达·史密斯 (Matilda Smith)

《芭蕉肖像》，1830~1844年，浮世绘，渡边华山

　　白墙、窗、门乃至太湖石的配合才好。芭蕉映窗最为地道，因为窗户可借景，也可漏景、框景，它本身也是景。拙政园的听雨轩、网师园的殿春簃、沧浪亭的翠玲珑，窗外都有芭蕉。大叶子被细细的窗格分割成局部，各自成为一幅小小的静物写生；风来的时候，又成为立体的画面在窗前游移。

　　清代的风流文人李渔推崇芭蕉："幽斋但有隙地，即宜种蕉。蕉能韵人而免于俗，与竹同功。"再说，蕉比竹好侍候，一二月即可成荫。他还教导小资们说可以在椭圆形的蕉叶上写字，让小雨做橡皮擦，在我看来这太刻意了，或者，高雅总需要一点点刻意才好？

　　和李渔同时代的日本俳句诗人松尾芭蕉对芭蕉也有特殊的爱好，本来他的笔名是桃青，后来弟子送了一株芭蕉树种在他隐居的地方，他就自名庭院为芭蕉庵，也用芭蕉为号了。值得一提的是，虽然日本的芭蕉是从中国引种的，可是后来欧洲人首先在日本见到它，所以曾称之为"日本蕉"。

松尾芭蕉开始写的俳句也和那时候多数诗人一样带点逗乐的意味，类似中国的打油诗，只是后来在旅行中把禅思注入到诗句中才有了清寂的境界。松尾如此看重芭蕉也和佛理有关："怀素走笔蕉叶，张横渠见新叶立志勤学。此二者余皆不取，惟于其荫翳悠闲自在，爱其易破之身。"芭蕉没有实心，就像破皮囊一样无牵挂，不凝不滞，这也恰好是松尾芭蕉一生的写照——他走南闯北，定居的时候不多。

　　月明如昼，门前涌入潮头。

　　闲寂古池旁，青蛙跳进水中央，扑通一声响。

这让我想到了王维的诗："木末芙蓉花，山中发红萼。涧户寂无人，纷纷开且落。"天地万物在寂静中生死交替、无始无终地演化着，初看眼前好像空空无所有，细细体会却有至道无言的震颤。

佛陀生活的北印度、尼泊尔一带正是野芭蕉丛生的地方，所以佛经中常常提到芭蕉；佛陀的十六弟子——传到中国以后增加了两位，成为"十八罗汉"——里的伐那婆斯（Vanavasin）喜欢在芭蕉树下修行，俗称"芭蕉罗汉"。

《维摩诘经》里有"是身如芭蕉，中无有坚"的说法，人身就像芭蕉这种没有中心的植物一样变幻剥落，不值得介怀，从南朝的大诗人谢灵运一直到唐宋的诗人都写过这方面的诗文，连白居易这样有深重世俗情怀的人也感叹"筋骸本非实，一束芭蕉草"。

王维的字"摩诘"就来自《维摩诘经》，他比喜欢热闹的白居易更虔信佛陀的教诲，也熟悉芭蕉的典故，有意思的是他画的《袁安卧雪图》里有株雪中芭蕉引起很多有关禅和诗的争论。

袁安是东汉人，据说有年洛阳（或说汝阳）冬天下大雪，别的穷人都出门扫雪

《高逸图》局部，唐代，绢本设色，孙位，上海博物馆藏

《高逸图》为《竹林七贤图》残卷。图中名士各具姿态，其中王戎手执"如意"，前置卷帙，凝神静观，若有所思，身后则是一丛芭蕉。

然后乞讨食物，可"市长"出巡的时候发现袁安家门前还积满雪，他以为袁安已经过世，就命令除雪入户，结果看到袁安正僵卧在榻上，问他为什么不出来找点吃的，袁安说下雪了大家都很饿，我不愿意去打扰人家，于是"市长"推荐他成为孝廉，后来他升到中央当了大官。唐代的时候这已经是常用的典故，诗歌、绘画中都有好多引用。

王维画的《袁安卧雪图》——原画在宋代就散失了——中出现了一丛鲜活的绿芭蕉，从北宋沈括开始人们就在争议这是否"有违常理"：一派认为袁安生活的关中地区冬天干冷，芭蕉无法存活，这算是王维的失误，白璧微瑕；一派认为艺术家不可太拘泥事实，重要的是传神达意；还有人用佛教经典索隐，认为王维是用芭蕉来象征袁安看破人身躯壳，舍身求法，让这位儒家人物带上些许佛教徒色彩；也有现代科学家认为唐朝时关中气温近似今天的江南，说不定芭蕉在冬季能存活，王维所画或有所本。

无论如何，王维的"雪中芭蕉"本身也成为新的典故了，后来的画家还丢开贤

《蕉荫读书图》，
清代，
纸本设色，
吕彤，
清华大学美术学院藏

人袁安直接画各种"雪蕉图"，刻意突出这种常理之外的意趣。

让文人如此牵挂的芭蕉最早只生长在包括华南在内的亚洲湿热地带，据考证，西汉辞赋大家司马相如《子虚赋》中的"巴且"可能指的就是芭蕉或者蘘荷，这也许是汉武帝攻破占据广东的南越国以后在新修建的长安扶荔宫种植的南国奇草异木之一。

"芭""蕉"的意思都与麻有关，古人用它的干茎来做麻、织布——当时有"蕉葛"一说。在民间发现芭蕉的实用功能的同时，江南文人开始欣赏它"高舒垂荫"的姿态，这种最初在皇家园林出现的植物大概在南北朝时期渐渐在江南的士人庄园中流行起来，那种舒展的叶片和透彻的绿带来的闲适流风也就从南北朝一直刮到明清的私家园林里。芭蕉两三米长的绿叶常常让画家们忽视它的花和果实，其实，夏天它会从叶簇中抽出淡黄色的大花来，然后结成类似香蕉的果实，回味带涩，人是不爱吃的，倒是中药里有用到。

芭蕉的别名"绿天"，绿色的天空，是文人学士们从小小的门窗里窥见的一斑吧。夏天溽热难当时它延展出一片阴凉，冬日又给江南的湿冷注入春天的绿意。

和芭蕉关联的另一种审美元素是雨——"闲愁几许，梦逐芭蕉雨"，趴在花窗前的诗人听得见霏霏细雨落在蕉叶上的轻响，轻滑的水滴就像不可收拾的好梦一样顺着叶脉滴落，让他的愁闷又多了一分。

茉莉：

印度的香

　　我在印度泰米尔纳德邦首府马杜赖市（Madurai）待过，那里是"茉莉花之城"，街道上的推车里摆满茉莉花串起来的白色花环，去神庙的人们买一把去敬神还愿，顺便自己也买一串戴在身上。事实上我已经不太惊奇于这个场景，印度从北到南，总能在神庙外看到卖花的人，茉莉花也总是摆在最前面。这让我想起在国内的时候，曾在南锣鼓巷那边住过一段时间，在咖啡馆常喝茉莉花茶，店里直接把茶叶和干茉莉花一起泡，类似菊花茶，干花展开形成大拇指头那样一点椭圆形白花，而当年我父亲那辈人泡的是吸收了茉莉花香气的茶叶"香片"。

　　人们通常把木樨科素馨属（Jasminum）的植物茉莉、毛茉莉统称为茉莉，现在常见的一个栽培品种叫双瓣茉莉（Jasminum sambac）。在马杜赖，让我兴奋的是听到梵语和泰米尔语的茉莉花发音分别是"Mallika"和"Malligai"，对，音译过来就是"茉莉"这个读音，以前佛经上翻译成"抹利""抹厉"。最早提到茉莉花的是晋代的《南方草木状》："那悉茗花与茉莉花，皆胡人自西域移植南海，南人怜其芳香，竞植之"，之前曾有过学者争论茉莉花到底是从波斯还是印度传入中国的，不过近来的研究表明茉莉的原产

Pl.xxx

《茉莉》，
1807～1808年，
手绘图谱，
H.C.安德鲁斯
（ Henry Charles Andrews ）

...num, Sambac...

《茉莉花图》，北宋，绢本设色，赵昌，上海博物馆藏

地是印度东北部和不丹的山谷，在佛陀出生以前的遥远岁月它就从原产地向各地传播，三千年前的古埃及就曾有它的踪影。大概，是以跑远洋生意著称的波斯商人先把它们移植到波斯和阿拉伯地区的园林中广泛种植，到 18 世纪又从阿拉伯地区传到欧洲，因此英国人通常称之为"阿拉伯茉莉"。

在晋代传入中国南方的茉莉也来自印度，泰米尔的发音让我确信，这种花多半是从印度南部传入中国的，波斯人仅仅是传播者。首先，波斯人对这花的发音"Yasmeen"和汉语"茉莉"明显不同；其次，当时波斯人也无法从阿拉伯海直航到南海，路上一定是走走停停的，他们在印度南部停留的时候带点花草也正常。因此，无论那个带花来的"胡人"长着大胡子还是戴头巾，反正这花一定是从印度传入中国的，读音都没变。

原本长在印度的茉莉喜欢温暖的气候，在广东、福建最早流行，东晋时已经向北蔓延到江浙一带，就像印度女人爱把这种花戴在身上发出可人的香味，这种花进入中国后很快就被戴上了女人的发簪，"倚枕斜簪茉莉花"的风尚随之出现。可能也因为这一点，茉莉没能在男性文人设定的花的象征世界中博得一个好位置。

唐代以后连北方长安的妇人也开始把茉莉花簪在发髻上，或者用彩线将花朵串起来挂在钗头。想来当时在北方养茉莉花要花很大的气力，冬季要放在有火源的燠室或以物覆之才能存活，价格也比华南要高好多倍。到宋代茉莉是上上下下、南北通行的爱好，北宋的苏东坡远放海南时也写过当地黎族姑娘口嚼槟榔、头簪茉莉的样貌："暗麝着人簪茉莉，红潮登颊醉槟榔。"南宋的孝宗皇帝赵昚夏天喜欢去选德殿、翠寒堂乘凉，因为这些殿宇中养着几百盆茉莉、素馨，"鼓以风轮，清芬满殿"。

茉莉花的香味来自里面含的油性成分，如茉莉花素、芳樟醇、安息香酸、芳樟醇脂、苯甲醇及其酯类等。古人不甘心这味道随着季节远去，他们想出各种办法要珍藏这气息，有钱有势的买进口的茉莉花香精，还开始尝试用茉莉花焙茶，让茶叶吸收茉莉花的香气再保存起来泡着喝。

如今大部分香水里或多或少仍然有茉莉花的影子，现代提取茉莉浸膏一般采用浸提法：先把鲜花放入石油醚等有机溶剂中，使花瓣中的芳香物质进入溶剂，通过蒸馏回收掉有机溶剂，即可得到茉莉浸膏，它是制造香脂、香水的原料。茉莉花在夜晚绽放的时候香味最为浓烈，所以最好的精油都是在晚上进行萃取的。

唐宋元明清写茉莉花的诗有好几百首，可现在人人知道的却是一首民歌《茉莉花》。最近有媒体报道某音乐研究者发现五台山藏传佛教音乐中的《八段锦》曲调酷似江南民歌《茉莉花》，便猜测这曲调最早可能是佛教徒用来歌颂佛陀的，同时他们也用茉莉花礼佛，随着僧人们四处云游，此曲调才传至江南。这似乎有点想当然，也可能恰好相反，清代佛教徒采用民间的俗曲来弘扬佛法的例子也有不少。

《茉莉花》这首歌的传播也类似波斯人将茉莉从印度带到中国的过程，有曲折的故事。《茉莉花》这首歌的原始版本《鲜花调》大概在明代才出现，清代流行全国，从江南到广东、青海许多地方都有传唱，讲的是青年人面对茉莉花、金银花、玫瑰花时萌发出来的对情爱的渴望：

> 好一朵茉莉花，满园花草香也香不过它。
>
> 奴有心采一朵戴，又怕来年不发芽。
>
> 好一朵金银花，金银花开好比钩儿芽，
>
> 奴有心采一朵戴，看花的人儿要将奴骂。
>
> 好一朵玫瑰花，玫瑰花开碗呀碗口大，
>
> 奴有心采一朵戴，又怕刺儿把手扎。

在中国这样的歌只能收入到地方小调之类的闲杂书刊里。好在 18 世纪末年有个外国人西特纳将它的曲调记了下来，并经过改编在伦敦出版。后来，在晚清担任过第一任英国驻华大使秘书的约翰·贝罗（John Barrow）在 1804 年出版的《中国游记》（*Travels in China*）里刊出了他在广东听到的民歌版本《茉莉花》歌谱和其他九首乐曲，《茉莉花》遂成为以出版物形式传向海外的第一首中国民歌，此后欧洲出版的各种民歌集中常有引用，并开始在欧洲流传开来。

关键的变化是在 1924 年，意大利作曲家普契尼在创作歌剧《图兰朵》的时候，因为剧中主角是位元朝的公主，所以普契尼就把《茉莉花》改编成女声合唱上演，歌剧的流行让这首民歌竟然成为外国人最熟悉的中国歌曲之一。实际上元朝很可能还没出现《茉莉花》这支小调，而公主更不可能接触这种乡野小调。但艺术的优势正在于他可以超越时空把各种元素组合起来，"异国情调"也能吸引人们的好奇，当年普契尼可以说是时尚艺术家，他用遥远的中国公主来演绎一段爱情，就像现在北京、上海也用纽约、伦敦的时髦风气来标榜一样，当《图兰朵》从欧洲来到中国

"图兰朵"（Turandot）之名最早出现在 18 世纪初法国东方学家弗朗索瓦•贝蒂斯•德拉克瓦从波斯流传的东方故事中翻译整理的《一千零一日》一书，其中一个故事讲述东方某个蒙古汗国君主的女儿"图兰朵"招婿的传奇。在这之前，马可•波罗在游记中也曾记载过蒙古窝阔台汗国的忽秃伦公主的故事。17 世纪末欧洲兴起"中国风"、"中国热"，欧洲权贵、文人迷恋来自中国的瓷器、丝绸，推崇中国的思想文化，引人遐想的"中国公主"成了欧洲文艺表现的主题之一，在欧洲作家、歌剧家的笔下，东方某地的公主逐渐也就被却认为是"中国公主"。1762 年，意大利剧作家卡罗•哥兹（Carlo Gozzi）根据《一千零一日》中的故事写出了五幕寓言剧《图兰朵》并在威尼斯演出。1802 年，德国戏剧家希•冯•席勒又据此改编创作了歌剧《图兰朵》在魏玛上演，之后德国作曲家韦伯（Carl Maria von Weber）创作的《图兰朵》序曲则率先采用中国曲调《万年欢》为素材。1904 年，意大利作曲家布索尼（Ferruccio Busoni）又写了一个版本的歌剧《图兰朵》并在 1906 年出版，之后普契尼在 1924 年逝世前夕创作了未完成的歌剧《图兰朵》，也是如今最为人所知的版本。他的一位朋友法西尼公爵曾作为外交官出使中国，普契尼在他家听到一个八音盒演奏的《茉莉花》曲调，就引用到自己创作的歌剧中。

布索尼创作的歌剧《图兰朵》套装封面，
1906 年，Emil Orlik

演出的时候，就具有双重的异国情调了。

这首民歌当年在时髦的上海也曾经出声，1933 年扬剧老艺人黄秀花在上海由蓓开唱片公司出版的唱片里就有这首歌的演唱。可是现在国内熟悉的是 1957 年音乐家何仿做过改编的《好一朵美丽的茉莉花》，三段歌词都改成歌唱茉莉花的，就好像把一个烂漫少女的直抒心声改造成诗人的一唱三叹，从乡间跑到城里，那野性到底有一点萎缩。

玉兰：

堂前有春色

南欧，四月的雨说来就来，说走就走。西班牙圣地亚哥一个庭院里的两株紫色玉兰灿烂得夺目，好几个游客和我都停在院子里欣赏，没顾得上进屋瞅里面的艺术展览。刚开始，每朵花还聚合成圆筒状，宛若莲花含苞待放时的样子，等太阳稍微热乎起来后，一朵朵花儿完全展开，宛若千百只紫蝴蝶振翅翻飞，靠近看的话花的外侧发紫，里面还带一点红晕，单独看一枝一朵粉妆玉琢，远观两树花海密集浓烈，有种丰盛之美。

玉兰是常见的庭院植物，花润如玉，花香似兰，好看好闻，但花期只有十来天，晚上和清晨如莲花闭合，午后至黄昏前光强的时候花瓣伸开，露出里面紫白的花蕊，闻得到一缕清香。记得有一年在上海看到路边的白玉兰（*Magnolia denudata*），我还怀疑这花是塑料做的，因为它在我看来有点蜡质的感觉，摸上去也柔韧光滑。站远一些，玉兰笔直的树干和卵形的树冠恰好形成温和宁静的姿态，没有它的花朵那种炫耀感。

白玉兰是上海的市花，三月初就一片繁花白得耀眼了。上海曾在 1983 年发动市民投票选白玉兰为市花，我总怀疑是花的名字占了便宜：白如玉、香似兰，全是好彩头，也许那时候邓丽君缠绵的

《紫玉兰》，
1832 年，
手绘图谱，
若姆·圣伊莱尔
（J.H.Jaume Saint-Hilaire）

MAGNOLIA POURPRE

情歌《玉兰花开时》也传到上海了吧。有意思的是 1929 年上海市政府也搞过市花评选，结果在 1.7 万张选票里得票最高的是不在候选名单内的棉花，于是不了了之。想来那时候上海已经是远东最时髦的城市之一，怎么会选出棉花呢？也许只是在租界以外的市区举行投票，市民们都是老实人，觉得棉花用处大。而现在人们选市花的时候完全是从象征意义和观赏性来选择，不怎么考虑实用性。

玉兰原产于中国中部长江流域，现在庐山、黄山、峨眉山等处尚有野生的，古人最早把它和类似的几种花统称为木兰，没有做详细区分，所以没人敢肯定屈原《离骚》"朝饮木兰之坠露兮，夕餐菊之落英"中的"木兰"到底写的是哪种花。按理说玉兰和菊花是不可能同时开放的，可诗人的想象有把不可能变成一种虚拟可能的自由，这种狂放的浪漫想象是北方写《诗经》的中原诗人所缺乏的。不过，玉兰的花倒是真可以和菊花一样摘下来做菜，用蜜渍或粘面糊煎炸。

到唐代人们才开始明确区别玉兰和辛夷，也许因为玉兰花刚开的姿态让和尚们联想到莲花，所以那时候很多寺庙喜欢种植，至今西安市南郊兴国寺、江苏洞庭东山紫金庵等地还生长着宋明时候的老玉兰树，开花时千花万蕊缀满枝干，迎风摇曳，姿态优美。

"但有一枝堪比玉，何须九畹始征兰"这句唐诗是玉兰这个名字的源头，玉温润，兰幽香，透出一种雅致的富贵气来。中国最爱写诗的皇帝是乾隆，凡他去过的大江南北有名的景点都有他的御笔题诗，虽然诗和字一般，可地方官得用最好的石头雕刻供奉在亭子里。他特别爱好玉兰，下令在颐和园、故宫、碧云寺等处栽植了不少，并将玉兰和海棠、牡丹合缀成"玉堂富贵"的组合。

在乾隆时期颐和园叫清漪园，乐寿堂附近的紫、白两色玉兰蔚然成林，有"玉香海"之称，大概是模仿苏州"香雪海"的叫法。可惜后来清漪园在 1860 年让英法联军烧毁，只剩下殿后一棵紫玉兰和邀月门南侧的白玉兰活下来。后来慈禧太后重修颐和园的时候又让人在园子里种了几株，现在还能看到。慈禧的小名叫"兰儿"，

《孔雀开屏图》，清代，绢本设色，郎世宁，台北故宫博物院藏

《玉兰图卷》，1549年（明代），纸本设色，文徵明，纽约大都会艺术博物馆藏

她在颐和园的住处就是乐寿堂，光绪皇帝则被她下令关在不远处的玉澜堂。

北京新华门前也种有玉兰，每到3月中下旬即开花，是北京开花最早的。另一处以玉兰知名的地方是京西古刹潭柘寺，十多年前我在客堂里住过一晚，正是玉兰花开的时节，傍晚没有游客，静得可以听见山鸟的鸣叫，几株白玉兰的花纷纷掉落下来，清静寂灭的感觉慢慢就出来了。在毗卢阁下还有两株更有名的"二乔玉兰"，已经有四百多年历史，每年4月初开花的时候满树绯紫，灿如云霞，因其花朵颜色紫中带白，因此称"二乔"。

白玉兰由于冒着寒气破蕾展苞，所以湖北叫"迎春花"，江西叫"望春花"，广州叫"玉堂春"。它是没吐叶之前先开花的，所以看上去一树晶莹，不像别的花还有绿叶来映衬。玉兰在花落以后抽生出小蒲扇形状的叶子，到初秋结出小拇指头大小的果实，外面灰色的壳开裂以后露出一粒一粒橘红色佛珠一样的种子，远看就

好像一串小花似的。

18 世纪末，玉兰由我国传入法国、英国等欧洲国家并颇受欢迎，1820 年到 1840 年间园艺家伯丁（Soulange-Bodin）将白玉兰与紫玉兰杂交出 17 个花色不同的栽培品种，即木兰科第一批人工杂交品种，后来又传入中国，植物学家们还培育出更多新的品种，广泛栽培在各地公园中。

反过来，原产北美洲东南部的洋玉兰（*Magnolia Grandiflora*）则在 19 世纪末被引进中国——因为最早是从广东进口，所以叫广玉兰，现在长江流域以南各大城市均有栽培。它要比白玉兰雄壮，叶和花也更大，而且一年四季常绿，它在绿油油的叶丛中开出大盏的白色花朵，细看花叶片还带一抹淡淡的青绿色。

水仙：

镜中的男女

以前新年的时候亲戚朋友喜欢买一个水仙球根搁在窗台的清水盆里，讲究点的再放置几粒鹅卵石，每天换一次清水，一个半月后就能看到水仙素洁的花朵亭亭玉立于清波之上。看它的叶似翠带，花如素裳，难怪黄庭坚要用凌波仙子来形容。有些人买来后，为了让它在春节那几天开放，还会用电吹风和加强光照的人工控制方法催促它快点绽放花朵。

水仙肥大的鳞茎只凭一瓢清水和阳光就能发芽，好养，加上花白香幽，枝叶扶疏多姿，有兰花的淡雅却又多一份妩媚，自然博得人们的钟爱。古人还在小说集《集异志》里让庭院里的水仙花化身女子和画中兰花的化身相恋，凑成这桩美事。

可让我始料未及的是，如今中国最常见的水仙竟然是原产欧洲地中海沿岸的多花水仙（*Narcissus tazetta*）的变种，在意大利、西班牙常见，那里冬季温和多雨，不少观赏花卉可以在早春就开花，除了水仙，还有仙客来、风信子、番红花，等等。一些水仙品种逐渐向东欧、西亚、中亚传播，广泛分布在南欧的多花水仙大约在唐代传入中国，形成了一个变种中国水仙（*Narcissus tazetta* var. *chinensis*）。跟原种相比，中国水仙花多，色白，香味浓，而地中海的水

Pl. 58.

H. Arendsen ad nat.

Chromolith. G.Severeyns Brusse

《多花水仙》，
1872 ~ 1881 年，
手绘图谱，
阿尔布姆·冯·埃登
(*Album Van Eeden*)

POLYANTHUS NARCISSUS.

A.C van Eeden & C° Wagenweg N°91 Haarlem
Editors and Publishers

仙多数花比较大，颜色鲜黄，香味很淡。

中国水仙后来发展出两大品系：单瓣的"玉台金盏"因为开的花白冠黄心，形状如盏而得名，花形秀丽，香味浓郁；另一种名为"百叶水仙"或"玉玲珑"的是重瓣，花瓣十余片卷成一簇，花冠下部淡黄而上部淡白，香味略淡。至于黄水仙或喇叭水仙则是19世纪末又从欧洲引进的一个品种，这种水仙比中国水仙的花朵要大，花色温柔和谐，清香诱人，所以最近二十多年非常流行。黄水仙在欧洲栽培历史悠久，19世纪30年代以来，荷兰、比利时、英国等国对黄水仙的育种和品种改良做了大量工作，目前栽培品种已达到2.6万个，每年还有新品种诞生。

中国最早记载水仙的文献是唐代段成式的《酉阳杂俎》，当时称为"奈祗"："奈祗出拂林国，根大如鸡卵，叶长三四尺，似蒜，中心抽条，茎端开花，六出，红白色，花心黄赤，不结籽，冬生夏死。""奈祗"可能是对水仙的波斯语名"Nargi"或阿拉伯语名"Narkim"的翻译，说明这是经过西域丝绸之路传播过来的。而拂林国就是当时的东罗马拜占庭帝国（今土耳其境内），他们在初唐曾派出使节访问长安，也许水仙就是在那前后作为礼物输入中土的。也有人怀疑段成式只是根据西方传来的药典或耳闻记载，此时并没有活的水仙传入。因为红白两色的红口水仙直到明代才传入中国种植。更值得重视的是五代人孙光宪在给唐末段公路《北户录》做注时说，他在江陵（今湖北荆州）时有蕃客——可能是波斯商人——曾赠他几株水仙，可放在水器中养植。这种有香味、好看又好养的花在荆襄一带很快流行开来，北宋写过咏水仙诗的文人也多在这一地区做官或游历过，如诗人黄庭坚所做水仙花诗，就是在荆州时所写。

宋代从文士到皇室贵族都非常喜欢水仙花，文人之间有时还彼此赠送，写诗歌咏。宋人杨仲囷得到水仙花一二百株，养在古铜笔洗中，长得非常茂盛，喜爱之极，便模仿曹植的《洛神赋》，写了一篇《水仙花赋》，把水仙花喻为神话中的水中仙子宓妃，这对后人题咏水仙运用洛神的典故有很大影响。的确，水仙在一泓清水之

《水仙图卷》局部，南宋，纸本水墨，赵孟坚（传），纽约大都会艺术博物馆藏

上纤尘不染，翠绿欲滴的叶片衬托银白色的花朵、淡黄的花蕊，容易让古人联想到女子。在绘画界，宗室子弟出身的赵孟坚以善画水仙著称，不过现在美国大都会艺术博物馆、天津艺术博物馆、美国弗瑞尔美术馆、北京故宫博物院所藏署名赵孟坚的各种《水仙图》似乎多是明清时代的模仿伪造之作。

南宋时候，水仙栽培中心转移到靠近经济文化中心杭州的江浙、闽北一带，还进一步传到日本、朝鲜。水仙的可爱在于可以养在室内，岁暮天寒的冬季也可以开花，所以是传统的岁朝清供之一，可以与松、竹、梅媲美。到清代这种植物传播到更为温暖湿润的东南沿海地区，气温和地中海差不多，水仙也就走到户外种植了。这里面最著名的是福建的漳州水仙，远在清朝康熙年间就远涉重洋大批出口。

据漳州蔡坂乡张氏家谱记载，明景泰年间，张氏祖宗张光惠在首都当官。有年冬天请假回乡，船过江西吉水县，偶见近岸水上有叶色青苍、花卉黄白相间、清香扑鼻的野花，便拾回栽于蔡坂培育。清康熙时，蔡坂商人张协仁认为水仙花色美味香，有观赏价值，就顺便带千余株到甫粤（今广州）做礼品，及至广州时被抢购一空，自此广州成为销售漳州产水仙花的最大市场。此后，到了清朝末叶，蔡坂乡成为栽培水仙花的基地，栽培面积已有 800 亩。漳州水仙主要出产在园山脚下，在湿热的漳州园山是个冬暖夏凉的绝佳天然屏障，早晨的太阳正好照在山脚下的花田上，下午的斜阳被圆山挡住了射线，向阳、遮阴兼而有之。山下，九龙江支流和山谷泉涧纵横交织，水源充足，砂质土壤松软透气，加上地质上有温泉经过，因而能四季保持适宜的地温，为水仙花栽培创造了有利条件，所以漳州水仙鳞茎大、多箭多花，清香浓烈，这是其他地区的水仙所不及的。

水仙花的球茎似洋葱或者大蒜头，青翠的叶子像蒜叶，亭亭玉立的花莛好似蒜薹，故而人们又称之"雅蒜""天蒜"，实际上它和大蒜还真算远亲，都属于石蒜科植物，但水仙球茎有毒不能食用。而水仙花的拉丁名"Narcissus"则来自希腊神话中的美男子纳西塞斯（Narcissus）的传说，他的父亲是河神，母亲是仙女，他的母亲得到神谕说儿子长大后会因看到他自己而早夭。为了逃避这预言，母亲刻意让儿子远离溪流、湖泊、大海，为的是让纳西塞斯永远无法看见他自己的容貌。纳西塞斯长大后虽然引来无数爱慕者，但他只喜欢整天与友伴在山林间打猎，对于倾情于他的水泽女神厄科（Echo）——她无法表达自己的感情，因为只有回声而已——不屑一顾，引起报应女神娜米西斯（Nemesis）的不满，吹出凉风引诱他到一个水清如镜的湖边，纳西塞斯看到了湖面中映出的完美面孔，竟然爱上水中的"他"，可每次用手去碰水里面的"他"都会消失，最后他跳进水里想要抓住"他"，可是再也没能上岸，之后，在他淹死的地方长出一丛植物来。

这个悲剧性的故事引发了后来人的好奇，纳西塞斯也成为有自恋倾向的人的称号（Narcissism），后世不少艺术家以此作为雕塑、绘画的题材。英国桂冠诗人华兹华斯写的名诗《水仙》里有"诗人不能不是自恋者"这句话。不过这似乎用在稍后的另一位诗人王尔德身上更准确，他还曾经给法国作家讲过自己续编的纳西塞斯故事，说是纳西塞斯死后田野的花草和河水感到悲哀，花草是因为爱他的美丽，而河水说"如果我爱上了他，那是因为，当他俯在我的水边的时候，我从他的眼中见到了我自己的水的反映"。

《山林女神厄科与纳西塞斯》，1903 年，油画，沃特豪斯（*John William Waterhouse*），利物浦沃克艺术画廊藏

　　本画取材自希腊神话，水泽仙女厄科喜欢美貌出众的纳西塞斯，可后者孤芳自赏，每天到河边顾影自怜，厄科只能爱怜而无奈地望着他，最后都郁而死，化成一种回声。沃特豪斯是英国新古典主义与拉斐尔前派画家，以其用鲜明色彩和雅致的画风描绘古典神话与传说中的女性人物而闻名于世。

　　早在两千多年前，古希腊人就用多花水仙制作花圈，也被用作草药，由于它的根有麻醉作用——水仙全草有毒，鳞茎的毒性较大，误食后会出现呕吐、腹痛症状——同时花有香味，所以希腊人认为它与地狱有关，是冥界王后珀耳塞福涅（Persephone）每年一次从地狱重返大地带来春天的时候生发的花朵，象征复活和再生。在古埃及，水仙也被用在死亡仪式上，人们要在木乃伊的眼睛、鼻子、嘴上放置水仙花球茎。

　　在欧洲，很长时间里水仙都只是野生在地中海沿岸而已，直到 1629 年左右英国人把野生水仙移植到他们的花园里，才让这种花逐渐流行起来——尽管一开始英国人也主要把它当草药。

牡丹：

象征物之累

　　唐代之前医药学家认知、记载的"牡丹"或许并不是唐代之后画家描摹、诗人歌颂、药书记载的那一朵朵、一丛丛艳丽的"牡丹"。

　　研究中国医学史的日本学者久保辉幸考证，南北朝时期药书所说"牡丹"（又称"吴牡丹"）应该是紫金牛属植物"百两金"（*Ardisia crispa*）、紫金牛（*Ardisia japonica*）之类，而唐代之后一直到今天大家熟悉的是芍药属植物牡丹花（*Paeonia suffruticosa*）。从植物学角度来说两者归属不同，枝、叶、花、果的形态差异很大，紫金牛属植物的花朵小，并不具有很强的观赏性，两者只有根部有些类似，都呈红色。

　　关键的证据是，南北朝时期南朝著名道士、医药学家陶弘景的著作《本草经集注》说巴戟天（*Morinda officinalis*）这种巴戟天属茜草科植物"状如牡丹而细"，而它与芍药科牡丹在外形上完全没有相似之处，古人却认为两者相似，这证明陶弘景所说的"牡丹"和今天的芍药科牡丹应该有很大差异。南朝著名诗人谢灵运的《游名山记》佚文中也说江南"竹间水际多牡丹"，而芍药科野生牡丹主要生长在中国西北部，在江南湿暖环境下不可能野生成活。初唐《新修本草》

PIVOINE EN ARBRE

《牡丹》，
1833 年，
手绘图谱，
若姆·圣伊莱尔

记载，"京下谓之'吴牡丹'者是真也。今俗用者异于此，别有臊气也"，可见唐代初年官方正统医药界还认为用作药材的正牌牡丹是"吴牡丹"——长在江南吴越之地的紫金牛属植物的红色根部，而中原不容易得到江南之物，民间医生就用长安周边野生的、根部也发红的芍药科属植物冒充入药，但和"吴牡丹"不同的是芍药科植物根部的芍药酮会散发明显的臭味，官方医生用这个特点辨别真假。

唐初中原地区民间采药贩药的人只是让芍药科牡丹冒充"吴牡丹"之名入药，而真正让芍药科牡丹大翻身成为观赏花木并完全侵夺"牡丹"名称的是女皇武则天。明代小说里杜撰说女皇武则天曾在冬天下诏百花必须连夜开花，独有牡丹拒绝，这当然荒诞，但倒也关联一点真实的历史背景，那就是武则天的确是第一个欣赏芍药科牡丹的著名人物。她的家乡山西并州的寺院多种植这些野生的牡丹用来观赏，给她留下深刻的印象，当权后她命人将牡丹移栽入洛阳的上林苑，带动权贵富豪乃至一般百姓纷纷在自家庭院种植，每到暮春时分各处花圃就成为游人聚集流连之处，这便成为洛阳的时尚盛事。之后唐玄宗则把这种风尚引入长安，唐代笔记小说《松窗杂录》记载："开元中，禁中初重木芍药，即今牡丹也。"皇宫沉香亭畔牡丹等鲜花盛开的时候他诏来翰林学士李白写"一枝红艳露凝香，云雨巫山枉断肠"这样的助兴诗歌传唱。当时洛阳人宋单父善于种花，曾应唐玄宗之召在骊山种了一万多本颜色各不相同的牡丹。

"木芍药"——芍药科牡丹——的流行和大量种植改写了人们原来的认知图景，宋代以后药书里牡丹已经成为芍药科牡丹的专名，之前药书里的正牌紫金牛属"吴牡丹"反倒被排挤，只能叫"百两金"这个俗名了。两者的"混杂误认""名称交换"与医药经济的发展、南北分隔、统一与知识的建构、权力与时尚的互动紧密相关，可见其关涉的"文化"的形成之奥妙。

而在南北朝之前，1972年甘肃武威东汉古墓出土的医简中已有"丹皮"入药治疗"血瘀病"的记载，用红色的药物治疗有红色症状的病，这可能和当时影响很大的"五行""五色"观念有关，或许可以参照詹姆斯·乔治·弗雷泽（James George Frazer）在《金枝》中总结的模仿巫术和接触巫术进行解读。东汉人编纂的《神农本草经》里也提到"牡丹"，具体指哪一种药材、植物并不是特别清晰，还提到其别名"鹿韭""鼠姑"，可见是当时常见的野生植物，还没变成权贵院子里的植株。

牡丹与芍药

就现代植物分类学来说，牡丹属于芍药科芍药属植物，野生的好多种芍药属植物在亚、欧、美洲都有分布，中国是最早进行人工栽培的国家之一。唐代人们把牡丹和芍药加以区分，大概把花朵大、枝干高的叫作"木芍药""牡丹"，把花比较小、花期稍晚的草本蓄根植物叫芍药（*Paeonia lactiflora*）。后来也有人把类似牡丹、在秋天开放的芙蓉花叫秋牡丹，按现在的植物学分类来说这完全是两种不同的植物。

古今文人谈及芍药花时喜欢追溯到《诗经·郑风·溱洧》：

> 溱与洧，方涣涣兮。士与女，方秉蕑兮。女曰观乎？士曰既且，且往观乎？洧之外，洵訏且乐。维士与女，伊其相谑，赠之以勺药。

> 溱与洧，浏其清矣。士与女，殷其盈矣。女曰观乎？士曰既且。且往观乎？洧之外，洵訏且乐。维士与女，伊其将谑，赠之以勺药。

对春秋时候的郑国人来说，农历三月上巳节正值河水解冻、万物萌发，人们在这一天到溱河、洧河边泼水求吉，希冀用香草祛除不祥。这期间也是青年男女嬉戏恋爱的日子，已婚和家有丧事的除外其他人都可以去参加。自然，这位女孩的心也像哗啦啦的水流荡漾起来，她按捺不住去叫心爱的男子一起去河边看热闹，男子开始还故意唱反调逗弄，女子情急之下说河边人来人往乐趣多多，于是他们就一起去玩，临分开时男子还送一种叫"勺药"的东西作为爱情信物。

古代的道德家说这个地方的民风恶劣才有这样直白的民歌，可是用今天的眼光

同治辛未冬月 赵之谦 畫于都門

《牡丹》，清代，纸本设色，赵之谦，辽宁省博物馆藏

看实在算不了什么，比现代人在情人节的各种造作言辞清淡多了。这对两情相悦的男孩女孩相赠的未必是今天我们熟悉的 "芍药花"，也可能是那时候流行的某种香草植物，可以留存萦绕的香气显然要比仅仅盛开一时的鲜花更绵长美妙。

大概是在汉朝人们才用"芍药"这个名字来定义我们现在看到的多种芍药属花木，那时候长安就有人种植芍药，晋代已有重瓣品种出现，那时候牡丹还是村野俗物，无人关注。到唐代牡丹"暴得大名"，人们才开始刻意区别牡丹和芍药：花朵更大的牡丹的叶子宽，正面绿色背面有点黄绿，而芍药的叶片狭窄，正反面均为黑绿色；牡丹的花朵着生于花枝顶端，多数每个枝头就一朵，而芍药的花可以生在枝顶或者叶腋，往往好几朵在一起；牡丹的枝干比芍药矮和粗，过冬不会枯死，而芍药露出地面的茎不能越冬，只有埋在土壤中的纺锤形块根还维持生命，等到来年早春重新抽出新芽长出地面；牡丹一般在 4 月中下旬谷雨前后开花，而芍药开花要晚两周。所以江南有"谷雨三朝看牡丹，立夏三照看芍药"之说。

花大、色艳、香浓的牡丹在武则天、唐玄宗时期盛极一时，芍药只好屈居下风，留下小牡丹这个别号。隋唐以后扬州以芍药花出名，宋代人有"洛阳牡丹，广陵芍药"以及"牡丹为花王，芍药为花相"的说法。

回头再看牡丹和芍药的人工栽培历史，就像许多著名花木一样，当人们在园林种植、欣赏某种植物，就有相应的制度——无论是皇帝的命令还是权贵富豪的购买——激励人工加速培育进程，然后随之产生知识上的不断细化和深化发展。对观赏植物进行选育、嫁接时，花朵变大、花色增多、开花期提前往往是追求的主要目标。在唐代牡丹的品种出现大爆炸，就是因为那时候牡丹价格昂贵，"数十千钱买一棵"，这给了花农们足够多的动力。而芍药可能还主要是作为药材使用，所以培育方面的改进要慢很多。

唐宋的审美分野

既然武则天、唐玄宗以下的权贵富豪如此欣赏牡丹花，那花农也就不断培养选择那些世人欣赏的特性，比如花大色艳、芳香浓郁，不断栽种、选育、杂交，让它们在花园里争奇斗艳。

和牡丹一样花朵娇艳的荷花没有引起如此狂热的爱好，按照刘禹锡的说法是"庭前芍药妖无格，池上芙蕖（指荷花）净少情"，可是我宁愿从季候的角度去看待这个问题：对北方的长安来说，每年农历四月牡丹开的最盛的时候，也是可以脱掉臃肿的冬衣、穿得漂漂亮亮到户外冶游的时刻，人们怀着欢快的心情面对花木和世界。李唐王室崛起于关陇黄土塬上，黄河中下游的陕西、洛阳一带是政治、经济、文化中心，适宜牡丹生长，在这里生活的王室权贵和江浙士人爱好不同，后者对芍药属的牡丹就没有如此欣赏。

当然也有审美文化上的原因，当时皇家钟爱艳丽的色彩，对金、碧、紫的刻意追求表现在他们的壁画、仪仗、衣服甚至画在脸上的"红妆"上，鲜艳的牡丹也比梅花之类的小花适合映衬当时宏大的宫室、仪仗。每到暮春，长安、洛阳的人们摩肩接踵去观看牡丹花开，白居易诗曰"花开花落二十日，一城之人皆若狂"，显然从皇室到民间都追捧它，于是也刺激了种植业的发展，"人种以求利，本有值数万者"。据说当时还有人把牡丹嫁接在椿树上，高丈余，可于楼上赏玩，称为"楼子牡丹"。

唐代以后最负盛名的是洛阳和菏泽的牡丹。欧阳修、司马光都称颂过洛阳的牡丹，在北宋的时候与扬州芍药齐名并称"天下第一"。虽然牡丹是武则天首先下令在洛阳引种，但文人却刻意贬低这位女皇的作用。宋人高承《事物纪原》说："武后诏游后苑，百花俱开，牡丹独迟，遂贬于洛阳，故洛阳牡丹冠天下。"执意要在牡丹的富贵寓意之外再增加劲骨刚心的象征精神。现在洛阳、菏泽仍然以牡丹种植著称，也各自有旅游项目"牡丹节"，都弄得无比盛大，我曾经去参观过菏泽牡丹节，几百种牡丹的确有让人眼花缭乱的感觉，如"酒醉杨妃"的红装素裹，"姚黄"的端庄典雅都很可观，至于粉紫同株的"粉二乔"、随着花期变色的"娇容三变"就有点过于刻意新奇了。

古人喜欢用颜色、形态、结构类似的东西来比喻性地命名牡丹的品种，撇开花的样子不说，光是"庆云黄""玛瑙盘""御衣黄""淡鹅黄""观音面""醉杨妃""睡鹤仙"这些名字就够人遐想的。从《洛阳风土记》的记叙可以看出来，诸如苏家红、贺家红、林家红之类，都是当时富家大族以养花为风尚催生出的产物，他们竞相培植新奇品种，诸如"姚黄""魏紫"这样的新鲜品种会在几天内名动全城，"姚黄"当时珍贵到一年才开几朵花，想必要比今天手工精制的宾利汽车还珍稀。

观赏的芍药科牡丹据说是 9 世纪初由空海和尚从中土传入日本，主要栽种在佛寺和达官显贵的苑囿中，也如唐人作为"富贵花"来欣赏，到德川时代才扩散到民间。江户时代 (1603 ~ 1867 年) 日本嫁接选育出"寒牡丹"等新的品种，后来欧洲人也是首先从日本引进牡丹品种。20 世纪前后这成为日本花木出口的重要商品之一，曾大量出口欧美。至今日本东京的安部牡丹园，奈良的长谷寺、石光寺，须贺川牡丹园，新西井大师牡丹园等还以牡丹花著称，每年四五月间是赏花的热闹处。

欧洲人最早了解牡丹花、芍药花是在从中国进口的丝绸和瓷器上所见的装饰图样，直到 1656 年荷兰东印度公司的贸易代表来中国访问期间亲眼看到了牡丹，回国后还曾公开报道。大约在 1786 年，英国皇家植物园邱园的主管约瑟夫·班克斯（Joseph Banks）看到报道后就让英国东印度公司的外科医生亚历山大·杜肯（Alexander Duncan）在广州帮忙收集牡丹，第二年送到了邱园。1789 年便有一株开出了高度重瓣的"粉球"牡丹，这是最早进入欧洲的中国牡丹花。19 世纪英国又引进过中国其他品种的牡丹，但牡丹没有如月季、山茶、菊花一般受到更广泛的欢迎，也许是因为它比较难种，又缺乏菊花那样集中、高饱和度的色彩，分散的

青花缠枝牡丹纹天球瓶，清代乾隆时期

花形也没有月季那样的冲击力和持久性。

倒是美国在第一次世界大战后曾从欧洲、日本大量进口牡丹在公私花园种植，植物学家和园艺家桑德斯（A. P. Saunders）还成功地把黄牡丹和紫牡丹与日本牡丹品种杂交，获得了一批从深红、猩红、杏黄到琥珀、金黄和柠檬黄等不同颜色变化和组合的种间杂交后代，选育出70多个新品种。但牡丹似乎并不适应美国大多数地方的气候、土壤条件，反倒是芍药非常适应当地的环境，种植和使用更为普遍，芍药鲜切花常被用于婚礼等重要场合。

牡丹与梅花：国花之争

南宋以后文化中心南移，受政治局势和文化风气影响，文人的视野没有唐代的博大、外向，而是变得内向、斯文，对花的爱好也转向清雅一路，常以松、竹、梅、兰比喻人格，于是梅花的地位突然重要起来，当时还流行晚唐人编撰的关于"梅妃"的小说，好像是为了要和以牡丹花作为象征的杨贵妃对垒，凸显梅的女性温婉之美，而牡丹这类大众喜欢的流行名花不免被视作村俗。

其实南宋皇室还是非常重视牡丹的，南宋的周密在《武林旧事》中记载当时宫廷插花："三面漫坡，牡丹约千余丛，各有牙牌金字，上张大样碧油绢幕；又别剪好色样一千朵，安顿花架，并水晶、玻璃、天青汝窑、金瓶；就中间沉香桌儿一只，安顿白玉碾花商尊，约高二尺，径二尺三寸，独插照殿红十五枝。"可见当时的豪华做派。牡丹花也是丝绸、瓷器上的常见装饰纹样，从元代就大量出口西亚、东南亚。

牡丹和梅花在 20 世纪以后现代中国发生的冲突最为有趣，为了谁可以充当国家认定的"国花"，"拥梅派"和"拥牡丹派"彼此常年论战，不同审美情趣的背后还夹杂着对新民族国家的意识形态的认知和重构。

如果说古代不同文化背景的人群对花木象征意义有不同认知，而且可以井水不犯河水，那近代民族国家形成过程中社会各阶层对于"国花"的选择就成为民族自我意识建构和整合的群体行为，其中出现了更多意识形态搏斗的痕迹。国花的起源一般认为可追溯到 19 世纪中叶的英国。当时，英国人从王室图案、勋章、货币等上面作为标志使用的花，以及文学、传说里广为流布的花中选出"national flower"，"国花"称谓或由此而来。这是近代大众文化和民族国家概念意识崛起以来的新理念，"国花"是对整个民族、国家的文化品性的某种指认和塑造，无非是要肯定自己国族的文化特质。

晚清慈禧太后虽然在变法、立宪上推三阻四，可在这种鸡毛蒜皮的事情上却格外热情，曾经将牡丹敕定为国花，在颐和园修筑国花台种牡丹。但很快清王朝就成为历史书上的故事，民国建立以后有人通过报章倡议设立法定的国花，并提出以牡丹、菊花、莲花、梅花作为候选，提出的理由仍然是着眼于象征性，比如牡丹象征雍容繁盛，菊花代表傲霜耐冷，梅花、兰花、莲花寓意高洁等，其中商务印书馆的编辑胡怀琛还从菊花联想到"以黄为正色，足征黄种及黄帝子孙"的方面，可以说直接将花木和对民族国家的身份认同结合在一起了。

1929 年民国要人曾经在南京讨论从梅花、菊花、牡丹三种中选出一种作为国花，当时争论不休也没有决议。不过当时江南的政治家、文人相对占据政治、文化、传媒的主流位置，对梅花无疑更为青睐。尽管梅花没有成为法定国花，但国民政府明令可用于各种徽饰，如中央银行以梅花为国币图案，邮政局大量印制梅花邮票，南京民国阵亡将士纪念碑建筑上多饰有梅花图案。

1982 年后社会上也兴起评定国花的争论，牡丹派和梅花派的支持者从历史背景、文化含义等各方面进行褒贬，都想证明自己支持的那一种花更能代表中国或中国文化。在 1987 年进行的中国十大名花评选中，梅花得票数第一，牡丹次之；1994年的国花评选中牡丹当选第一，兰、荷、菊、梅紧随其后；也有一些人大代表连年提案，但最终全国人大认为分歧太大，没有做出决议。

牡丹和梅花是国花争议的中心，争论围绕着两者的文化寓意展开：有人主张牡丹象征着繁荣和大国风范，但有人说奢靡会亡国；有人主张梅花象征坚忍内敛，可另一些人认为它不够大气。除了这些象征意义上的争论，后期又出现了旅游产业、花木种植产业方面的利益驱动，河南、山东籍的全国人大代表多倾向牡丹，浙江、湖北籍的人大代表多倾向梅花，分别撰写议案要求尽快确立国花，尤其是河南洛阳、山东菏泽等以牡丹为市花的城市，多年支持牡丹派的造势活动。

撇开关于国花的争论，我觉得更戏剧性的是近代教育对人们接受花木象征意义的巨大影响。事实上牡丹经过唐代皇室和北宋皇室的提倡在民间广受欢迎，尤其是北宋之前，当长安、洛阳还是政治、文化中心的时候，能在那里茂盛生长的牡丹不仅是御花园的宠儿，也是民间栽种的对象，而梅花在南宋以来局限在江南人家特别是文人士大夫阶层，在大众中的知名度不如牡丹。但是民国以来大众教育的兴起，有关梅花如何高洁的诗歌、文章得到大众教育、大众出版业的广泛传播，对它代表的意义的认同也具有了新的基础，而在"文革"那样特别的时段牡丹所象征的"富贵"甚至被认为是某种负面价值。

所有关于某种花如何重要、美好的"历史意义和文化知识"都是特定时段各种知识和权力叠加作用而成，而且时常变动。比如在汉代以前中国人最重视的花木其实是香草、兰蕙一类能发出香味的花木，常常用于祭祀仪式中，而魏晋南北朝以后对花草本身颜色、姿态的欣赏成为主流，牡丹在唐代流行，宋代以后梅花、兰花又成为文人的最爱，每个时代的风气和爱好都在变化。

20世纪90年代以后，尽管国花争议还不时惹出新闻，但却没有了20世纪80年代那种切身感——那时候人们可以寄托感情、可以议论的对象实在有限，"文化热"也让人们对于各种重大名义的事物和观念有巨大热情，而21世纪以来越来越多元化的社会中，任何单一花卉的象征意义都无法得到所有人乃至多数人的认同，而且人们不像前人那样热衷于宏大的象征物。即便真的把某一种花木确认为"国花"，也只仅仅具有某种条文和仪式意义。

梅花、牡丹最近二十年在日常社会中出现的概率不断减弱，中国人休闲方式发生了革命性的改变，花花草草占有的份额本身就在减少，即便在花店里，城市人欣赏的多也是各种娇艳、好养、好收拾的花草，对花的文化认同正在发生新的变化。

芙蓉：

风露清愁如有待

本来皱缩在枝梢上的木芙蓉花在清早张开白色的花瓣，随着阳光渐渐透出粉红色，傍晚又染成深红，就像一个美人刚喝几杯时脸色越发白嫩，渐渐地绯红酽上来，醉态就显形了，可见它的别名"醉芙蓉"不是白叫的。花朵自动改变颜色，并不仅仅是光线改变了。

木芙蓉（*Hibiscus mutabilis*）原产中国、不丹等地，喜欢温暖湿润的气候，在长江流域和华南广泛种植，华南的城市常能见到长到七八米高，花也开得娇艳。我在"蓉城"成都见到的芙蓉树不是特别多，从中秋到初冬，一些公园偶然有红、白诸色芙蓉。传说五代后蜀的君主孟昶爱极芙蓉，命人把芙蓉花捣汁染缯为帐，名"芙蓉帐"，这倒是和古罗马的奢侈君主对玫瑰和紫罗兰的爱好有点像。据说他还下令在城墙上和城外的野地里栽种木芙蓉，每到深秋城外延绵四十里，灿然如云霞相映，成都遂有"蓉城"之名。

有趣的是，四川人苏东坡曾写过一首《芙蓉城并序》的长诗，但写的并非地上的"蓉城"，而是天上的仙境。东坡先生认识的士人王迥年轻时是个英俊的美男子，传说有个仙女周瑶瑛主动前来投怀送抱，还带他去参观"珠帘玉案翡翠屏，霞舒云卷千娉婷"的仙境"芙蓉城"。这个故事当时流传甚广，有许多版本的说法。至于

《木芙蓉》,
1822 年,
手绘图谱,
弗雷德里克·尤斯廷·贝尔图赫
（ Friedrich Justin Bertuch ）

Hibiscus mutabilis

仙境为何叫"芙蓉城"，我想也许和北宋人对后蜀君主"芙蓉帐"的浪漫想象有关。

"芙蓉"这个词所指的花木变来变去，早期的文献里都是指水中生长的荷花，如《离骚》中写的"制芰荷以为衣兮，集芙蓉以为裳"就是如此，大概到唐代人们觉得木芙蓉的姿态有几分像"水芙蓉"荷花，才用"木芙蓉""木莲"来称呼这种长在泥土里的地上之花。但它们在植物学上没有亲戚关系，荷花是夏季开花，木芙蓉却是锦葵科落叶灌木，秋季八九月开花。因为花叶类似牡丹，在秋季开花，所以木芙蓉还有诸如"秋牡丹"这样的别名。其实芙蓉比牡丹娇贵，要在温暖湿润的地方才长得高大茂盛。明代人总结："芙蓉宜植池岸，临水为佳。若他处植之，绝无丰致。"一方面是这样对植物有利，另一方面也是波光花影相映，增加观赏情趣。

唐时已有不少文人墨客欣赏木芙蓉的艳丽芬芳、清姿雅质，唐玄宗时代的诗人李嘉佑在《秋朝木芙蓉》中形容："平明露滴垂红脸，似有朝愁暮落悲。"其后白居易写过："花房腻似红莲朵，艳色鲜如紫牡丹。"可见木芙蓉在当时颇引人瞩目。但其"文化地位"和牡丹、荷花相去甚远，唐代罗虬《花九锡》中推崇兰、蕙、梅、莲，把"芙蓉、踯躅、望仙"称为"山木野草"，不值一说。五代十国时期蜀汉张翊《花经》以九品九命给花木分级，牡丹为"一品九命"、荷花为"三品七命"、木芙蓉为"九品一命"，依旧是陪衬角色。

木芙蓉的名声到宋代有所提高，关键是对其"道德品性"的重新建构：芙蓉花开得比菊花还晚，大概是冬季之前少数几种可以欣赏的花木之一，因此也引申出"拒霜"的品格。周必大《二老堂诗话》中有首写木芙蓉的诗："花如人面映秋波，拒傲清霜色更和。能共馀容争几许？得人轻处只缘多。"诗人既赞美了木芙蓉的傲霜品行，又指出它让人容易轻视的一点是一丛一树密集地开放，不像芍药（别名"馀容"）那样单独开放引人关注。

不像荷花后来附会了许多圣洁的含义，芙蓉花多和朝愁暮怨的情绪关联，或为落第文人、隐士用以关照自身，如"不向东风怨未开"，或是形容女子的情态气质。

让芙蓉和美人联系的关键是和牡丹的对比，芙蓉比以富丽堂皇著称的牡丹花朵要小，在秋末又容易沾染风露，就好像清丽的小家碧玉，别有一番妩媚的风情，要比牡丹显得亲切可人。

《红楼梦》里的晴雯就兼有上述雅质、清愁、高洁的品性，可好花不常开，好景难继续，贾宝玉只能以《芙蓉女儿诔》痛悼之。

《红楼梦之痴公子杜撰芙蓉诔》，清代，绢本设色，孙温，大连旅顺博物馆藏

兰花：

君子的幽香

小时候看到邻居家养的春兰，二月挺出的黄绿色小花总让我觉得像小螳螂在探头，花太小。我喜欢的是他家另外一盆君子兰开出的橘红色花朵——可是后来听人说君子兰（*Clivia miniata*）、吊兰（*Chlorophytum comosum*）之类其实和"真正的兰花"没关系，君子兰是石蒜科植物，吊兰是百合科吊兰属植物，而中国传统上说的兰花指兰科兰属的植物像墨兰（*Cymbidium sinense*）、春兰（*C. goeringii*）、建兰（*C. ensifolium*）、蕙兰（*C. faberi*）、寒兰（*C. Kanran*）——也就是所谓的"国兰"，它们才是唐诗宋词用来比喻君子的那种花。

中国人真是爱兰花，只要颜色素雅，气味幽香，人们总把类似的花木都加个"兰"的后缀，紫罗兰、铃兰引进的时候都加上这个字，造成了许多解释上的麻烦。

按照现在的植物学分类，全世界的兰科植物种类多达 19,500 种以上，是被子植物中仅次于菊科的第二大科，从热带雨林到寒带针叶林，从潮湿的海滩到干燥的高山，到处都能发现兰花的踪影。兰的香味本来并不是为了取悦人类的鼻子，它可能是为了吸引蜜蜂传粉才不断加强自己传播香甜气味的功能的。蕙兰这样的花身上的斑

《墨兰》，
1805 ~ 1816 年，
手绘图谱，
雷杜德
（P.J. Redouté）

Epidendrum Tinense　　　　*Epidendre de la Chine*

J. Redouté pinx.　　　　　　　　Mauge sculp.

点可能也有吸引昆虫的作用，让它们误以为这里有花蜜而前来沾染，替自己传粉。

中国人给花命名，有时候是从颜色，有时候是从时序，比如春兰就是因为春天开花，而墨兰则是因为开的花是紫红色。最早写墨兰的诗也许是唐代中期当过丞相的张九龄写的"紫兰秀空蹊，皓露夺幽色"，他的故乡在今天广东韶关市东南郊一带，正是历来产墨兰的地方。

从《诗经》《离骚》开始中国人就以香草喻德行、形貌：南方人屈原笔下的兰是生长在幽谷之中孤芳自赏的哀怨香草；汉初编纂的《孔子家语》里"芷兰生幽谷，不以无人而不芳，君子修道立德，不为穷困而改节"的说法就增强了许多；后人对兰花象征含义的表达就是在上述哀婉和坚韧这两者之间游移。其实屈原、孔子说的"兰"和我们今天人说的"兰花"有很大出入，多数时候指各种能散发出味道的香草，花、叶、茎能发出香味，如菊科的泽兰、唇形科的藿香之类。在春秋战国以前往往是指用于宗教祭祀的特殊东西，还可以随身佩带祛病除邪，所以《左传·宣公三年》才有"以兰有国香，人服媚之如是"的说法。古人对这种香味是无法解释的，觉得像是上天的赐予一样。

兰花是在南北朝以后才逐渐同其他能发出香味的兰草区别开来的，这是一种只有花散发清香，叶子无味但青翠舒展的花木。对柔弱的兰花的爱好始于唐末，那时候已经有人在庭院中栽培种植，但迟至宋朝，兰花才在这个有点幽闭文弱的时代得到发扬。文人墨客以兰花的香比喻君子美德，写出了许多赞颂兰花的诗歌，南宋画家赵孟坚所绘的《春兰图》是现存最早的兰花画，珍藏在北京故宫博物院内，南宋赵时庚1233年写成的《金漳兰谱》是世界上第一部兰花专著。

针对当时兴起称松、竹、梅"岁寒三友"的说法，爱兰的王贵学反驳说："世称三友，挺挺花卉中，竹有节而啬花，梅有花而啬叶，松有叶而啬香，唯兰独并有之。"我想松、竹、梅在这个时期得到文人赞赏的更大原因是三者都在户外，需要走到自然中去欣赏，而兰花已经在室内种植观赏，少了幽谷寻兰的自然意趣。

《墨兰图》，南宋，绢本水墨，赵孟坚，北京故宫博物院藏

　　兰花本来长在山间水边，喜欢荫翳清凉，可它的香味不仅招来了昆虫，还吸引了文人墨客寻索的目光。他们推崇兰花，因为它的芳香浓郁但又不刺鼻，与丁香之类刺激性的花香不同，有"清"的格调；又绵长远溢，如丝如缕，有"幽"的意境，正符合宋以后很多文人的自我想象——我仍然有君子的精神，可是衰乱的世道让我只好退居到私人的雅趣中来。

　　既然兰花是君子之花，男性并不讲究外貌的艳丽，所以古人品兰往往推崇"素心兰"——全花都是一色，无杂色和斑点。除了花，参差错落的绿叶也成为欣赏对象，画家们尤其爱描绘墨兰舒展的叶片。

　　宋元明清以来取材于兰花的绘画、诗歌数不胜数，兰花的赏玩上也和现在的商品社会一样，越稀少越是昂贵，清朝末期至民国时期，广东人开始兴起养兰热潮，光"墨兰"就开发出直剑香墨、长剑榜墨、泥金素、金边墨、黄金塔、朱砂墨等名称，珍贵兰花的价格也"一盆而过十菖，贵者价至百余金"。而到了民国后期因为战乱频仍，以及后来新中国对资产阶级生活方式的批判，养花种草的风气几乎荡然无存，主要是各地的公园、植物园还在进行花草的培植和研究。20 世纪 70 年代后

《花鸟图册·兰花》，
清代，
绢本设色，
郎世宁，
北京故宫博物院藏

在改革开放的推动下，内地兰花种植才有所恢复。

欧洲人 17 世纪之前只用当地几个兰花品种做药材，而作为观赏植物的热带兰花传到英国是从 1731 年开始的。中国的观赏建兰在 1778 年由约翰·弗思格尔（J. Fothefgii）首次引入英国，中国兰花在维多利亚时代流行的原因和当地气候有很大关系，因为它可以在比较低的温度下生长，有几个品种还能在冬天开花，而热带兰花只能在温室中生存。

在 19 世纪中后期园艺热潮中各种"兰花"的价格非常可观，1855 年一株印度产的指甲兰（*Aerides falcata*）价值 430 美元之巨，只有富人才买得起，这也激起欧洲人从全世界搜集兰花品种的热情，中国、印度、欧洲、拉美的各种兰花源源不断地流向欧洲的植物园和花木公司。园艺家们也对这些进口兰花进行杂交育种，培育出很多新品种。

欧洲人爱欣赏"洋兰"——卡特兰、蝴蝶兰、金蝶兰、兜兰，其中一些品种的原产地就是台湾、云南、广西以及东南亚各国，但是这些色彩艳丽、高大但没有香味的热带花木想来并不会让传统的中国文人欣喜。

变化发生在 20 世纪，近代洋兰输入中国以后作为新鲜事物得到接受，"洋"代表的新奇事物是某种诱惑，是针对"传统规则"的一种反向伸张，比如开放的混乱、艳丽，当然，常常也意味着先进和新潮享受。

这里最奇特的是君子兰的传播。目前观赏用的君子兰品种原产地都在南非，1815 年英国自然科学家威廉·布西尔（William Burchell）在南非的东开普省的巨鱼河源头处第一次科学采集到君子兰，1820 年前后詹姆斯·博维（James Bowie）在同一地点收集了一些垂笑君子兰并运到英国，1828 年约翰·林德利（John Lindley）为纪念英国诺森伯兰郡的克莱夫公爵夫人（Charlotte Florentine Clive），将这种植物命名为"*Clivia nobilis*"。

对欧洲人来说这种花和中国人所谓的兰花没有任何关系，他们欣赏的是它苍翠光滑的叶片和形似火炬的大花。但是当 1854 年这种花从欧洲传到日本的时候，一位植物学家大久保三郎把它翻译成日文中的汉字"君子兰"——大概是因为他觉得这种植物原来的名字与克莱夫公爵家族有关，高尚文雅，而且也和兰花一样有着绿油油的叶片吧。

最早进入中国的君子兰是 1840 年由德国传教士带入青岛的，当时称为"德国兰"，因其叶片窄长，又称"青岛大叶"，只在德国租界内栽培观赏。后来，日本园艺家村田于 1931 年把君子兰从日本引入长春伪满皇宫栽培，专供溥仪这样的权贵观赏。他们使用日文的名称"君子兰"，中国传统文化中"君子"和"兰花"寓意

《君子兰》，1871年，手绘图谱

高尚，正好强化了它的象征意义，这也是后来君子兰风行的文化基础。

长春有许多关于君子兰的神奇故事，据说1942年溥仪的爱妃谭玉玲亡故以后，宫里派人送来一盆君子兰放在停放棺木的护国般若寺，后来寺里的和尚普明就把这花养起来，这就是君子兰著名的早期品种"和尚"的来历。抗战胜利以后溥仪和日本人仓皇逃出长春，只有两盆原伪皇宫里养的君子兰被保存了下来：一盆是宫廷花工张友悌从伪皇宫中带出来的，后送给了长春公园，为庆祝抗日战争的伟大胜利，就把这盆君子兰命名为"大胜利"；另一盆是由伪宫廷厨师保存下来的，后为长春东兴染厂经理陈国兴所收藏，故被称为"染厂"。这些品种后来流传到长春、沈阳、哈尔滨等城市的少数人家。

1949 年后，养花种草成为所谓的"资产阶级情调"，君子兰并没有流行开来。到 1977 年以后情况有了变化，私人空间扩大以后养花人多起来，市场供不应求，君子兰价格一路走高，同时也出现了关于这种花的各种传说，比如周总理的窗前始终养着一盆君子兰，日本、中国香港人抢购君子兰，等等。那时候商业意识萌动，君子兰价格快速走高吸引了许多人参与买卖和培育，以致 1982 年长春市出台"限价令"，规定一盆君子兰售价不得超过 200 元，这让市场顿时冷清。此后有商人发起"抢救国宝大熊猫君子兰义展"，前后近两万人排队参观，门票收入 17,000 多元，不仅改善了君子兰商业的形象，也让政府领导体会到这一市场的热度。随后长春市提出发展"窗台经济"，号召家家都要养 3 盆至 5 盆君子兰，1984 年长春市把君子兰定为长春市市花，这一市场再次快速升温，长春、鞍山等地一盆名贵君子兰的价格升到数千或数万元，最高价达 14 万元，而那时许多普通职员月收入不足百元。最热闹的时候全国各地纷纷举办君子兰展览，每天走进长春各君子兰市场的高达 40 万人次，占全市人口的五分之一，甚至当时还出现了围绕君子兰展开的盗窃、抢劫行为。

到 1985 年 6 月《吉林日报》《人民日报》先后发布四篇文章批判这股"虚业"热潮，导致市场崩盘，许多人因此倾家荡产。20 世纪 90 年代君子兰培育又一次复兴，不过这时候它已经不是焦点，邮票、紫砂壶、天珠等的炒作涨价现象更引人注目。当然，最后靠此发财的人只是极少数，但成功者的故事总是更容易得到传播。

菊花：

实用和象征

　　只有秋天的菊花才能唤起中国古代诗人最强烈的想象，那是万物肃杀、花木凋零时最强烈的印记之一。

　　菊科菊属的各种野生菊花在亚洲和欧洲东北部都有分布，但最早人工栽培菊花的是中国人，中国以前最常见的菊花（*Chrysanthemum grandiflora*）可能是毛华菊与野菊种间杂交，再与紫花野菊等多次杂交后选育而来的。两千多年前的古籍《礼记》中有"季秋之月，鞠（菊）有黄华"的记载，意为秋末菊花正开黄花，将花期与季节月令相联系的传统也从此开始。战国时屈原的《楚辞·离骚》中有"朝饮木兰之坠露兮，夕餐秋菊之落英"的名句，开了吃菊花的先河，同时以春兰、秋菊并举，开后世赏兰赏菊之风的先河。

　　汉代时菊花从野生发展成为药用植物，大概就有了人工栽培。东汉《神农本草经》说"菊花久服利血气、轻身、耐老延年"，所以菊花的一个别名是"寿客"。古人以为九月九日重阳节正值地气上升与天气下降的二气交接之时，为避免接触不正之气，人们需要登高辟邪，魏晋时候逐渐发展出头佩茱萸登高、喝菊花酒——在米酒里掺入菊花茎叶——的习俗，当时帝宫后妃皆称菊花酒为"长寿酒"，当作滋补药品相互馈赠。魏代文人钟会延续屈原的调子，写

《菊花》，
1896～1897年，
手绘图谱，
博伊斯（D.G.J.M. Bois）

CHRYSANTHEMUMS
(CHRYSANTHEMUM SINENSE, *vars.*)
Reduced
PL. 148

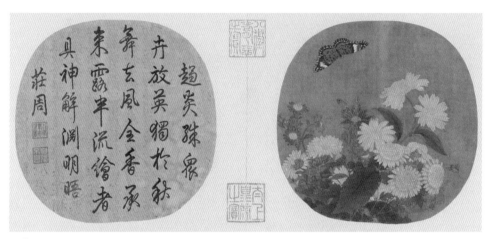

《菊丛飞蝶图页》纨扇页，宋代，绢本设色，朱绍宗，北京故宫博物院藏

《菊花赋》颂扬秋菊的姿容和重阳赏菊的习俗，这可以说是庭园艺菊的开始。

晋代的隐士诗人陶渊明在"采菊东篱下，悠然见南山"的时候很可能没有后世想象的那样飘逸，他种菊花是为了酿酒、入药这个实际目的。不过他对菊花的爱赏对后世人却有重要的影响，宋代以后的清高文人常以菊花象征陶渊明这样的"贞秀"隐士，和洁身自好、怀才不遇搭上点关系。

到唐代，菊花已经是园林中的常见品种，在黄菊之外还出现了白居易诗中提到过的白菊、李商隐咏叹过的紫菊，花匠也开始采用嫁接法繁殖菊花。

似乎宋人才开始刻意强调菊花是"花之隐逸者"，因此陶渊明的名气在宋代远远大过唐代。到宋代菊花由室外露地栽培发展到盆栽，并能用其他植物作砧木进行嫁接，花色也出现了绿色的"绿芙蓉"、黑色的"墨菊"等稀有品种。临安每至重阳九月的花会谓之"开菊会"，人们在这一天有喝酒赏菊的习俗，宫廷内也养菊、插菊花枝、挂菊花灯、饮菊花酒。

宋人说菊"苗可以菜，花可以药，囊可以枕，酿可以饮"。现在还是如此，菊花茶在餐馆里常见，花瓣气味芬芳，也有人当菜吃，吃法很多，可鲜食、干食、生食、熟食，焖、蒸、煮、炒、烧、拌，还可切丝入馅；但是对乡间的野菊花却要留心，因为它含有让人过敏的物质，有些人碰触菊花会产生疼痛肿胀，吃了花则会上吐下泻。

北宋出现的第一部菊花专著《菊谱》里只记录了 36 个品种的菊花，到明清时已经有两百个左右的品种，也达到中国菊花栽培的一个高峰。此时菊花早就不只是黄色了，诸如绿云、金背大红、玉堂金马、鬓翠佛尘、汴梁绿翠等名菊，光看名字就觉得别致。像"绿牡丹"的花就碧绿如玉，日晒后透出黄色。

菊花早在古代就走出国门，公元 8 世纪中国栽培的观赏菊花传到朝鲜、日本以后，日本将其与当地野菊品种进行杂交，形成了日本栽培菊系列。清代的时候日本的菊花还返销到中国来成为稀奇货，乾隆皇帝曾于乾隆二十一年（1756 年）召集当时有名的花卉画家邹一桂绘制内廷洋菊 36 种，并赐题诗文，邹后来还据此出版过一套《洋菊谱》，记花之品名、形状，以志其荣遇。

正如樱花在日本是春天的象征一样，菊花则是秋天的象征，公元 9 世纪宇多天皇创建的皇家园林里它是主角之一。那时候也出现了大型的赏菊会，中国每年的九月初九重阳节在日本又称菊节，在这一天，皇太子率诸公卿臣僚到紫宸殿拜谒天皇，君臣共赏金菊、共饮菊酒。十月，天皇再设残菊宴，邀群臣为菊花践行。 12 世纪初期的后鸟羽上皇对菊花特别喜爱，将其作为自己的标志，后来"十六花瓣八重表菊花纹"就成为日本皇室的家徽。

后来美国人类学家本尼迪克特的《菊与刀》一书以"菊花"来象征日本的民族性：对古人来说菊花是秋天最后耀眼的颜色，随着菊花的掉落而来的是阴沉的冬季，就好像生命最后的闪光一样。如此看来日本人欣赏菊花、樱花是相通的，里面都有对于季候和死亡的敏感。

把菊花和死联系在一起的，中国古代也有过一首诗：

待到秋来九月八，我花开后百花杀。

《赏菊图》，
19世纪初，
浮世绘，
歌川丰国

冲天香阵透长安，满城尽带黄金甲。

　　这首《不第后赋菊》多归在唐末兴军起义的黄巢名下，可如此单调鄙俗，不像是饱读诗书的落第秀才黄巢所作。更可能是宋元间的小说家、戏曲家伪托创作，特意突出黄巢的反正统气质，算有点小创意。黄巢的家乡菏泽也从不以菊花著称，明清以后倒是以种植牡丹闻名天下。

　　1688年荷兰商人从中国、印度引种菊花到欧洲栽培，1689年荷兰作家白里尼（Bregnius）曾有《伟大的东方名花——菊花》一书。1789年，马赛的法国商人带了三个品种的菊花回国，其中大花菊花存活了下来。1843年英国植物学家罗伯特·

福琼 (Robert Fortune) 曾先后从我国浙江舟山群岛和日本引入菊种，并进行杂交育种，形成各种类型的英国菊花，在当时是花店和花园最流行的花木之一。 欧美对于菊花的寓意有地区性的差别，比如在美国人看来菊花表达的是积极的祝福，可以送给参加球赛、乔迁新居的朋友，但是比利时、奥地利、意大利等许多地方的人把菊花当作只在葬礼上才使用的纪念花卉。

现在花店中常见的矢车菊（*Centaurea cyanus*）、雏菊（*Bellis perennis*）等都是近代才从欧洲引进的花木。矢车菊原是欧洲东南部常见的野花，比传统的中国菊花花瓣细小，每到夏天一朵朵蓝色矢车菊就悄然出现在欧洲的田间地头，茎叶上还有白色的绵毛。这种花引进中国以后也叫蓝芙蓉、翠兰，都着眼于它特别的花色，其实现在白色、红色各种颜色都有。还有人用矢车菊的花瓣泡菊花茶，也不知道这进口菊花品种和原产品种的作用是否相等。

雏菊的原产地也是欧洲，又称春菊，因为它在早春开花。雏菊没有菊花的花瓣那样纤长、卷曲，而是短小笔直，像未成形的菊花，故名"雏菊"。欧洲有些地区也称雏菊为"圣玛格丽特之花"，这是因为中世纪的基督教会在纪念圣人时常以盛开的花朵点缀祭坛，教堂的花园里也种植各种花木，后来教士们干脆把一年365天的圣人分别和不同的花朵对应起来，形成所谓的花历，而雏菊就是祭祀13世纪因拒绝父亲选定的夫婿而进入修道院的匈牙利公主圣玛格丽特的。圣玛格丽特可以说是一位隐士，她从王室逃入修道院，而中国人陶渊明则是从官场逃到南山脚下，种菊花、喝酒、读书、写诗。

花与季候

春夏秋冬，以前的农家知道什么日子应该种地，什么日子杏花开，也知道秋菊盛放以后的冬日大概就没有什么花木可以欣赏了。可现在我们的生活和古人完全不

菊花纹样壁纸（局部），1876 年，设计：威廉·莫里斯

　　威廉·莫里斯（William Morris，1834～1896 年）是 19 世纪后期著名的设计师、画家，是英国艺
术与工艺美术运动的推动者之一。他常常从植物的形、色中获取灵感，也受到日本、中国器物装饰的影响，
设计了一系列创新的家具、壁纸花样和布料花纹等，1864 年以后他创作了一系列菊花纹的设计作品。

同，在赏花上也是如此。

最明显的是反季节，以前的花、蔬菜都顺时生发，过了那几天就没有了，可现在常见的花木都是四季供应的。实际上古人对新奇事物的兴趣也不弱，比如清代的花匠就在冬天用温火给室内加温，农历十月以后给皇宫供应开放的牡丹花。可毕竟以前反季节开花是小概率、小发明，是皇家权贵不惜工本才能实现的，不像现在已经变成常态。这里更有经济上的全球化带来的商业贸易的内容，不同地区产出的花木可以在全球流通，只要你付得起代价。

近代化、都市化、现代化，相应地带来了花木文化的变化，比如色彩饱满鲜艳的花朵更受欢迎，这不仅有技术上的原因，也是因为文化潮流的变迁，以前的"异国情调"在今天已经演变成了"国际潮流""普世趣味"。城市花店里出售的大朵玫瑰、百合已经取代了以前沿街叫卖的梅枝、杏花。

从现代科学来看，花木开开落落和自然气候的关系只是一种"自然运行或者生理上的规律"，但是在古人看来鲜花和季候的关系却是人格化的，比如在秋末最后凋谢的菊花一类，因为能"拒霜"而受到赏识。在冬季这个萧条季节开放乃至保持青翠的梅花、竹子和松树都格外受到珍视，被看作有如君子卓尔不群的气质。南宋朱熹更是把梅花和体悟《周易》的大道联系起来，称颂梅有四德："初生为元，开花如亨，结子为利，成熟为贞。"可以从它开花结子的过程领悟阴阳转易的哲理。其实主要侧重的还是梅花在寒冬开花的特性——在古人看来寒冬是个死寂的季节，因此还能开出色彩鲜艳、清香的花朵就显得非常特出了。类似地，茶花的"十德"等在宋元明清不断被编撰出来。

再放大，花木甚至和朝代兴衰、城市起落也联系起来，比如在宋代琼花和扬州就在文化意义上建立起了密切关系，以致后人说元兵占领扬州以后琼花也香消玉殒，与宋朝同始终。

这种具有"天人感应"味道的故事似乎在唐代的小说里非常流行，除了最多的鲜花变身女子和才子相会那一类，还有就是"反季节"开花的传奇，比如唐代人南卓《羯鼓录》讲述爱好美女和唱戏的唐玄宗喜欢羯鼓，他在宫里看到柳杏含苞欲吐，就叫人拿来羯鼓敲击一曲《春光好》，殿中的柳杏竟然因此繁花竞放，可见皇帝的权威之大让花木都能"咸与维新"，可是后来宋代人又编撰出武则天命令百花盛开，独有牡丹不从的说法，这就有点歧视女皇帝了。

花与女色

虽然"岁寒三友"松竹梅、"四君子"梅兰竹菊这些著名的花木常常被用来比喻君子，可是在中国传统文化里最常见的还是用花来比喻女性，这是中国诗文传统中最源远流长的特色。而且蔓延到民间的一些习俗上，最明显的就是女子常采用花木来命名，诸如花、梅、兰、竹、菊、桂、芝、芹、莲、蓉、薇等从唐宋以来就是流行的字眼，倾向于表示柔美、漂亮或秀雅，人们喜用"闭月羞花"来形容女子长得漂亮好看，而男性则只用有限的林、松、竹、兰、梅、柏几种花木当名字，象征阳刚、高雅、挺拔和富有生命力。

把自然物人格化是中国古老的文化传统，可以说，借花木来比喻人的传统从《诗经》开始。《诗经》将花木的某些生态习性、特征与人的精神品貌、家国走向联系在一起，用"起兴""比德"的方式发展出来的，一方面"如松柏之茂"已经用来比喻家族的繁茂长久，另一方面"桃之夭夭，灼灼其华"比喻新娘的盛丽，开始把女子与花木的形神建立比拟关系，到屈原以幽兰、柑橘自况，可见角色扮演得深刻，已经不分彼此了。如果说《离骚》的作者是出于个人的情趣、创作技艺在进行这样的比拟，则当魏晋南北朝的文人士大夫兴起花木欣赏之趣后，以花开模拟红颜盛美就成为常态。

花与女性的相互比拟可以说是源于男性文人的视觉快感和情色欲望，后来不

《仕女图册》局部，清代，绢本设色，焦秉贞，北京故宫博物院藏。

断地引申、叠加就让这些花木和女色的关系越来越固定化。这也是文化和知识上的叠加和扩张的过程。因此，中国出现了汉与魏晋南北朝、唐代、宋代、明清这四个重要的花木知识和"比德"观念的扩展高峰，很多"植物文化"的认知和典故已经成为文人群体的"基础知识"和"共享文化"。相比之下，底层社会和文人学士的认识有所不同，这反映在一系列植物的命名上，文人使用的是比较有文化意味的雅致名字，而民间往往从实用性出发命名特定植物。古代医药学家编撰的各种"本草""药方"里提到花木的口气接近现代的植物学，讲花的根、叶、果的形状、效用等，不像诗人们那样夸张。

文人对植物的高度拟人化、德行化的认知在宋朝兴起，诸如"岁寒三友"、花中"六友"都是宋人排出座次并与人间的德行对应。这是因为这时候文人的道德认知、自我定位扩张，"以天下为己任"，那与万事万物都可拉上关系。同时这一时期都会经济的发达也促进了出版的繁荣、知识的细化，文人阶层的"共识"可以更普遍地传播到各地的文人中去。《花谱》等有关花草种植、品赏的书开始大量出现，诸如梅兰竹菊在花木中的高等位置在文人世界中得到完全确立。而在唐代名声鼎盛的牡丹、芍药等，尽管仍然受到权贵乃至一般民众的追捧，但却在文人排定的象征世界中处于下风。

文人用充满了情感特征的诗意语言把人和花联系在一起，演绎出许多诗歌小说，花开花落往往引发人们的赞叹和惋惜，花和人一样也有了品级：君子、美人、小人。文人在欣赏花木时喜欢把审美或者社会伦理的价值移情到植物上去，产生了种种比喻、比拟、象征，花具有了人格，成为标志人的品性、品位的记号。已经负荷了如此多的人文意义的花木似乎就抽离了本身的形、色、味，在历史的文化积累中成长为像有自己的气息和思想的"活体意识形态"——文化意义上的——可以互为友伴，陶冶性情。

以芙蓉、红梅、香兰一类花木命名的女性名字处处皆有，从古到今不绝于耳。而给男孩起名的时候最常用的是"松""竹"之类。从这个角度来看汤显祖《牡丹亭》里主人公"柳梦梅"的名字，可以说这个刻意创造的组合预示的是一个有点女性化的男主人公：他的姓"柳"在花木的象征世界里是柔弱的，这预示着这位文弱的书生缺乏强有力的直接行动能力，他只能依靠梦这样超现实的能力、奇遇或者偶然机遇来获得一次爱情。

小说家曹雪芹也关注植物的象征世界。《红楼梦》可以说是花与美人互喻的高潮，大观园里诸女儿皆是花花草草，每一位金钗都有对应的花。值得注意的是这里所有女性生活其中的大观园就是个园林，是欣赏的对象，这些女孩的命运就像花园中的草木一样受制于权力拥有者——某种意义上可以抽象为恶浊的男性力量。雪芹这个号，雪天的芹，也是有关植物的，和梅花的象征含义类似。

关于花和性别，最有趣的是历史上妓女的绰号、名字多和花木有关，例如宋代的严蕊、秦淮八艳里的马湘兰、清代的赛金花、民国的小凤仙，等等。文人乐于讲述一个美貌女人的两个方面：如何有才情道德或者如何败坏男人的道德。谢晋当年导演的《鸦片战争》中也有歌妓最后被洋人祸害死的场景，这种暗含的男权意识形态——妓女是最低级的人，国内的人可以来买笑，但遭到外人摧残好像就触及了这个国家的最后底线。

反过来，如果一个妓女敢于起来反抗——陆川导演的电影《南京！南京！》里面就有这样大义凛然的女性——就预示着这里最低微的人也激愤起来，这又可以和那些社会等级更高的人的不作为相对照。也就是说，无论这些文人、电影导演表面上是在赞扬还是在抨击这些妓女，他们潜意识里都认定她们是最低等级的。

古代的史书里，每个朝代最后的亡国之君似乎总是贪好美色的，所以有美人亡国的说法，当然，这已经遭到很多现代学者的反驳。问题是，相反的故事——妓女救国——同样带有邪气的美学色彩。用女人的身体"曲线救国"的故事来给惨烈的败亡打上浪漫色彩，如张爱玲的小说《色戒》中的王佳芝就扮演了这样的角色，但是现代派小说家不喜欢正统的"正剧"模式，而是刻意让主角因为一系列细微感触而出离常规俗套，成为一个无法定义的暧昧人物。

百合：

神圣的虚构

在西班牙瓦伦西亚的火祭节上，我看到当地人用百合、玫瑰插花构造出巨大的"鲜花圣母玛利亚"，足有三四层楼房那么高，后来在复活节那一周，西班牙各个城市的宗教巡游都有百合花扎成的花环出现，因为百合花是圣母玛利亚的象征。在信仰天主教的地方，复活节是最重要的节日之一，这本来是为了纪念耶稣的复活——传说他的血流淌到十字架下，从那块土壤里长出了百合花——可是在巡游中压场的却是圣母玛利亚，还有人从阳台上给圣母玛利亚塑像撒百合花瓣、玫瑰花瓣。

"百合"这个名字含义好，百事合意，百年好合，等等，因为它的球根由二三十瓣鳞叶重叠累生，犹如百片抱合故名百合。百合的茎是从埋在土里的球根鳞茎中伸展出来的，露在地面是亭亭玉立的茎干、青翠娟秀的叶片，花姿雅致动人，色泽鲜艳润和，加上有这个好名字，难怪以前的人爱在过节的时候送百合花。

百合科百合属（*Lilium*）植物有 100 多个种，北半球几乎每一个大陆的温带地区都有本地原产的百合，至今在一些山区还有野生的橙红色卷丹和白色的野百合，夏天在一片绿意中寻找到野生百合花要比在花店买来欣赏有意趣。名为山丹的百合揭示了百合代表的

《麝香百合》，
1831年，
手绘图谱，
布里（E. Bury）

乡野气息：山里的红花而已。

北方山野常见开红色、橙色花朵的山丹（*Lilium pumilum*）、渥丹（*Lilium concolor*），陕北一般称为山丹丹花，当地民歌《山丹丹开花红艳艳》就是以此为主题。开橘红色花的卷丹又名虎皮百合（*Lilium lancifolium*），在中国古代主要是挖出鳞茎供食用和入药，传入欧洲以后是作为观赏植物栽培的，经过荷兰人杂交改良的新卷丹花色更加艳丽，每枝能开七八朵花，现在很流行。

另一种常见的纯白色麝香百合（*Lilium longiflorum*）原生分布于台湾及琉球群岛，1777 年由旅日瑞典植物学家卡尔·佩特·屯贝里（*Carl Peter Thunberg*）记录，1819 年其球茎被带到英格兰，经过改良以后的杂交品种在欧洲很流行。麝香百合在 19 世纪 80 年代从英属百慕大传入费城，并大受欢迎，迅速成为复活节的节日主题花，那以后百慕大就成为美国进口麝香百合的主要来源地，20 世纪初才被日本取而代之。日本曾每年外销三千万个种球至美国，直到 1941 年因日美战争而中断。此时百合种球的价格奇高，吸引了大量资金投入苗圃培育，到二战结束时从温哥华到加州长滩的整个西岸约有 1200 家厂商在种植百合。至今美国俄勒冈州与加利福尼亚州边界的海岸地区还是美国百合的主要生产基地。

中国人栽培百合花的历史可以追溯到东汉，医药名家张仲景在《金匮要略》中记述了它的药用价值，当时的人常吃百合的球根，因为里面含有丰富的淀粉，可作为蔬菜食用。到南北朝时期身在都市心怀山林的文人开始欣赏身边的花木、山林之美，百合花叶含着清凉的露珠，微风拂过的时候摇曳如婀娜多姿的清秀少女，梁宣帝萧詧因此写下了中国最早也是最著名的一首咏百合花的诗："接叶有多种，开花无异色。含露或低垂，从风时偃仰。"——尽管皇帝的怜爱经常是此一时彼一时，当不得真。

至宋代种植百合花的人更多，这是因为都市的发展和当时商业的繁荣催生了对居室、庭院装饰的爱好。苏轼曾经写过"堂前种山丹，错落玛瑙盘"来形容它开花

《花鸟图十二开之蝴蝶百合》，清代，绢本设色，余稺，北京故宫博物院藏

时候的娇艳。陆游也没忘记在门前种上两丛香百合。百合散发淡淡的清香，茎杆、叶片、花姿的疏离也容易让文人想到女子的模样，日本人在这方面的美学观念和中国人类似，古代也用"行如百合"来赞誉女子走路的婀娜姿态。

可是中国人对百合的兴趣不像对牡丹、山茶、梅花那样热烈和持续，百合花的品种一直很有限，到近代中国的几种百合传到欧洲以后，园艺家们把它和当地的百合进行杂交选育才创造出很多新的品类，百合花在欧洲是和玫瑰、康乃馨、菊花、唐菖蒲、非洲菊一样流行的大众花卉。

欧洲人对百合的喜爱比中国人要早，在克里特岛发掘出过 3500 多年前国王头戴百合花冠走在百花丛中的图案。米诺斯人崇拜的女神也许就是后来古希腊神话里的

《圣母子与八天使》，1478年，油画，波提切利，柏林国立美术馆藏

波提切利（Sandro Botticelli）善于绘制宁静祥和的圣母。画面整个构图体现出自然的对称，中间圣母怀抱圣子基督望着前方，而圣子似乎一边看着前面，一边下意识地想要用自己胖嘟嘟的手指弄开母亲束腰外衣上的皱褶。旁边的天使围绕着圣母，各自拿着一支盛开的百合——在中世纪这象征圣母的贞洁。

赫拉的原型。在古希腊神话中，四处淫乱的神主宙斯和人间美女婚外结缘生了大力神海格力斯。宙斯为了让儿子获得神力长生不死，就带他到妻子赫拉那里，在宴会上灌醉她，让海格力斯上前吸吮她的乳汁，赫拉惊醒以后流出的乳汁就洒到天空形成了银河，还有几滴坠落到地上长出一丛百合花。罗马神话则说维纳斯从海里升起的时候带出的泡沫形如百合花。

公元前后在犹太人定居的地方，百合花是常见花木，《圣经》记载约三千年前的以色列国王所罗门的寺庙柱顶上就有百合花的装饰，《圣经》里也有"我的佳偶在女子中，好像百合花在荆棘内""你的两乳好像百合花中吃草的一对小鹿"这样形容美丽女子的直白咏叹，还有"你想，百合花怎么长起来？它也不劳苦，也不纺线。然而我告诉你们：就是所罗门极荣华的时候，他所穿戴的，还不如这花一朵呢！"这样的比较。现在的历史和考古学家多认为这些诗句说的"百合"很可能是指当地的野花，而不是我们现在习见的百合花，但人们愿意把百合的历史追溯到这里，中东产的一种百合后来还被命名为圣母百合（*Lilium candidum*）。

把百合花和基督教贞洁、美德的象征意义紧紧结合在一起是在中世纪，比如 8 世纪的僧侣保罗（Paul the Deacon）认为百合象征耶稣基督，花的外表呈白色，象征基督的纯洁无瑕，内部的金黄色则是基督权力的标志，这种芳香、优雅的植物向世人指明通往天国的路径。

8 世纪起木匠约瑟之妻、耶稣的母亲玛利亚在教会神学中的位置开始上升，10 世纪以后她成了那株荆棘丛中的百合——贞洁、美德和救赎的象征。对法国、意大利、德意志和西班牙的天主教信徒而言，玛利亚似乎比耶稣基督要亲切一些，"圣母"到底是母亲，有种女性的慈爱和生活气息。这似乎是对耶稣基督那种严肃的预言家角色的一个平衡。基督教和其他一些小教派还相信百合象征生育和婚姻，所以很久以来希腊人举行婚礼的时候女子要在头上戴百合花花冠。

法国皇室旗帜上的百合花纹章

在百合花的文化象征意义演变中最有趣的故事是法国王室徽章与百合的关系。据考证，12 世纪开始有记录的法国王室徽章上的图案可能源自三叶草或香根鸢尾，但是当天主教兴起圣母玛利亚崇拜以后，自认为在世界上最虔信基督的法国王室和民众认定自己的徽章图形只能是百合图案，路易七世铸造的银币中央是百合花，四周是"基督凯旋，基督统治，基督指挥"这样的颂词。到 14 世纪初腓力四世时期百合徽章正式成为皇室徽章，而 15 世纪末法王查理八世还规定只有国王才有资格佩戴三朵型百合徽章，而王室普通成员只能佩戴饰有两朵或一朵百合花图案的徽章。

在这个过程中，王室不断赋予百合徽章以特别的象征含义，先把它和其他贵族徽章区别开来，然后王室内部也用数量的不同把国王和其他王族成员区别开来，徽章的品级实际上成为权力体系的象征，而这里面还掺杂着神学意义上的演绎。在国王的统治下，百合花已经不是我们所见的花木，而是国王、神学家和当时人不断自我强化的一种意识形态。

由此可见把花和人用谐音、借喻、比拟、象征联系起来不是中国文化独有的特色，世界各地的古老文明中多有这种习俗。

至于欧洲人所说的花语——就是把花朵和具体的感情、祝愿联系在一起——的历史虽然依稀可以追溯到古希腊人和《圣经》编成的年代，但主要是在中世纪后期和 15 世纪文艺复兴以后才逐渐发展出来的。花语最早是用来象征宗教圣人的德行，后来法国贵族文人将民间关于花卉的资料整理编档，里面就包括了花语的信息。到 19 世纪现代都市经济发达以后，一方面大众对鲜花种植、赠送的需求增加，相应出现了众多花语知识的建构和传播，所谓玫瑰代表爱情等都是在 19 世纪才在欧美形成较具规模的风俗；另一方面那时的社会风气还不是十分开放，在大庭广众下用言语表达情意显得突兀，所以恋人间赠送花卉作为爱情的信使。

从花语的历史中可以看到从"道德象征"到"情绪象征"这样一个细微的演进，也就是说 19 世纪以后所谓的"花语"实际上是个人主义城市消费文化的一部分。

《康乃馨、百合、玫瑰》，1885～1886年，萨金特（*John Singer Sargent*），泰特美术馆藏

20世纪早期许多"花语"方面的书籍会详细介绍每种花的象征，诸如爱情、虚荣、梦想等，但是在今天越来越高速运转的社会中，那些烦琐和精微的表达似乎已经失效，只剩下一些流行性的主题还为人所知，而且出现了花店对此进行专门设计和包装，一般人已经不必再学习那许多精微的花语传情之术了。

葡萄：

酒神的种子

在西班牙里奥哈地区见识过弗兰克·盖里（Frank Gehry）为瑞格尔侯爵酒庄设计的炫目建筑，那里现在有一套标准化的参观流程，最后照例是在商店购买各种葡萄酒、精油之类，也可以在餐厅里当即品尝这里的酒品。这让我想起在乌鲁木齐、喀什去过的农家乐，都有挺大的院子，一进门就能看到葡萄连绵的枝叶，在它的绿茵下吃饭，藤蔓缠绕之间伸手就可以摘到玲珑剔透的白色小葡萄，边吃饭边摘，是件惬意的事，虽然现在健康专家总提醒说别吃太多含糖食品。

新疆在汉唐时代就是著名的葡萄和葡萄酒产地，也许是因为那里的气候条件和葡萄的原产地中东的气候类似吧。葡萄喜欢充足的光线，有足够的光照才长得茁壮，结出来的果实也密实。我小的时候新疆葡萄干还是稀罕吃食，大人不时买来给小孩子当零食吃，煮稀饭的时候也会放一些，后来到20世纪90年代以后才常能见到新鲜葡萄。葡萄就外表来说并没有多大的魅力，也没有香味，可是当揭开薄薄的皮，那种黏稠的汁液沾染到指头上的时候，味道就慢慢出来了，真的是香甜。

新疆的葡萄是从西边的小亚细亚传来的欧洲葡萄（*Vitis vinifera*，

《酿酒葡萄》,
1882 年,
手绘图谱,
引自 *L' Illustration horticole*
vol. 29

RAISIN ALICANTE

镶金兽首玛瑙杯，
唐代，
酒具，
陕西博物馆藏

俗称为"角杯"的酒具，此物起源于公元前 2 世纪的古希腊等地中海地区，称之为"来通"（如漏斗，可注酒，饮者须仰承自上方往下注入的酒）。"来通"在中亚、西亚，特别是萨珊波斯（今伊朗）的工艺美术中是十分常见的。这件带有异域文明元素的兽首玛瑙"来通"很可能是自西域传入中原的。

又名酿酒葡萄），它也是如今全球种植最广泛的一种兼有经济和观赏价值的葡萄属植物。在果品中，这种酿酒葡萄的资历最老。《圣经·创世记》说挪亚在阿拉拉特山上（亚美尼亚与伊朗交界的边境地区）植葡萄树、酿酒，因此早就有人推测亚美尼亚为最早种植葡萄的地区。

1996 年在靠近亚美尼亚的伊朗北部出土过 7000 年前残留有葡萄酒痕迹的储存罐。2007 年，美国加州大学洛杉矶分校教授格雷戈里·阿雷什安（Gregory Areshian）带领的国际考古小组在亚美尼亚南部的山洞中发现了迄今为止世界上最古老的葡萄酒酿造设施，包括用于压榨葡萄汁的大缸、几个发酵罐、一个酒杯、喝酒用的大碗、葡萄籽、葡萄压榨后的残留物及数十棵干枯的葡萄藤。这个遗址的历史可追溯至 6100 年前，是历史上最早的具有完整酿酒设施的酒庄，比之前古埃及国王

饮酒图，
公元前 50 年，
壁画，
意大利赫库兰尼姆古城

蝎子王一世坟墓中发现的葡萄酒酿造设施遗迹要早 1000 年。由于酿酒设施是在墓地周围发现的，有学者认为当时酿出的葡萄酒可能主要用于某些祭祀仪式，可能是葬礼上的主要饮料，稍后作为祭品埋入墓穴。

这些亚美尼亚和伊朗交界的山区可能是世界上最早开始人工酿酒和种植酿酒葡萄的地方，然后向南流传到整个西亚和埃及，向西传播到地中海地区。古波斯王薛西斯一世（公元前 486 ~ 前 465 年在位）登基的第三年宴请亲王、大臣、波斯和米底亚的权贵、各省的贵族与首领，用形制各异的金杯赐予他们大量御用葡萄酒，可见公元前 5 世纪时，伊朗地区葡萄酒的酿造和消费已经很成规模了。随着波斯帝国扩展商贸交流，葡萄酒也逐渐扩展到周围的地区。底端带有开口或假开口的圆锥形角形酒具"来通"（rhyton）也是在这里流行然后传入希腊、罗马以及中国等地。

采摘葡萄（局部），公元前 14 世纪左右，壁画，古埃及纳赫特之墓 (*Tomb of Nakht*)

　　距今已有五六千年的埃及古墓中出土过描绘古埃及人栽培、采收葡萄和酿造葡萄酒场景的浮雕，当时葡萄酒是祭司、法老和权贵才能喝的。据说在制作木乃伊时，把死者的内脏摘除以后会用葡萄酒来冲洗腹腔，这似乎是为了防腐，此外也用葡萄酒和鸦片等药物一同来治疗绞痛、伤口不愈合之类的病。古埃及旧王国时期的葡萄种植相当惊人，斯尼夫鲁法老（约公元前 2600 ~ 前 2576 年）统治时期的一位显贵拥有面积约 405 公顷的葡萄园，足见庄园的规模之大。

　　在葡萄酒之前，远古时代的部落主要酿造谷物酒，有考古学家甚至推测人们最初种粮食的目的是为了酿酒而不是吃饭，因为那时候人类的吃食主要来自打猎弄来的肉和采集来的果子，而不是谷物。也许他们偶然发现采集来的谷物可以酿造成酒，而后开始有意识地种植谷物，以便保证酿酒原料的供应，吃谷物则是酿酒业出现以后伴生出来的。

似乎是精明的腓尼基人发现可以把葡萄酒放在木桶里长途运输，他们把自己生产的葡萄酒卖到地中海沿岸。古希腊各城邦也擅长四处贸易、殖民，他们在3000年前就从克里特人或腓尼基人那里学会了酿酒技术。公元前329年到前323年，亚历山大东征把希腊化文明带入中亚，种植葡萄、酿葡萄酒和酒神崇拜开始在粟特人中流传。

中国也有葡萄属的野生植物，如包括东北在内的亚洲东北部原产的山葡萄（*V. amurensis*）就是葡萄属中抗寒能力最强的种类，它在东北野地沟谷间生长，结出来的小葡萄也可以吃。山葡萄与刺葡萄（*V. davidii*）、毛葡萄（*V. heyneana*）、华东葡萄（*V. pseudorticulata*）、秋葡萄（*V. romanetii*）等都属于东亚葡萄种群的野生种。有人考证《诗经·周南·蓼木》中"南有樛木，葛藟累之；乐只君子，福履绥之"中的"葛"就是一种野生葡萄，可见当时的人已经知道采集并食用各种野葡萄。可是这些野葡萄并未用于酿酒，要等到汉代，中原人才第一次尝到葡萄酒的滋味。

在亚历山大的军队离去后一百多年，张骞的使团和李广利将军带领的士兵先后前往西域，他们发现大宛（今中亚费尔干纳）人招待他们的葡萄酒比汉地用"空桑秽饭"酿成的米酒好喝，而且可以"积数岁不败"，就采集葡萄和马爱吃的草料苜蓿带到长安的离宫别馆种植。有意思的是，苜蓿的引进完全是军事和炫耀目的，汉武帝希望他的马队因此能击败匈奴的骑兵，也可以让外国使节用这些植物解除思乡之情；可葡萄的引入则完全是享乐性的，似乎是为了满足皇帝对异国情调的想象，所以后世有诗人讽刺地写下这样的诗："连年战骨埋荒外，空见葡萄入汉家。"

"葡萄"一词是波斯伊兰语"budāwa"的译音，但从史料来看，张骞只带回了葡萄种子，并没有学到大宛人酿葡萄酒的方法，中原人还是喝自己在公元前4000年前就摸索出来的以粮食为原料酿制的米酒和少量的果酒。在张骞出使前后，伊朗风格的葡萄纹饰已作为装饰图案传入汉朝的首都长安，汉代出现了各种富丽繁缛的葡萄纹丝织品、画像石、辇车。东汉时候波斯流行的禽兽葡萄组合纹饰也传入中国，后来还进一步出现在铜镜的装饰上。

葡萄酒酿造之法和饮酒风气当是从中亚逐渐传播到位处今天新疆的绿洲小国，酒能进口到中原显得非常珍贵，《后汉书》记载东汉灵帝时扶风人孟佗向中常侍张让进献一斗葡萄酒，张让遂任命孟佗为凉州刺史，可见当时这种酒的价值。

中原人也是从西域胡人那里学会酿葡萄酒的。公元 640 年唐太宗派军队攻破今天新疆吐鲁番一带的高昌国，把当地的马乳葡萄籽种在长安的宫殿中用来酿酒，"颁赐群臣，京城始识其味"。当时长安等地西域来的胡人颇多，酿酒技术在民间估计也在"平行引进"，这前后诗人王绩写的《过酒家五首》中有"竹叶连糟翠，葡萄带曲红"一句，把竹叶青与葡萄酒并列，可见当时长安酒家有卖这种酒。之后李白也有写到江南胡人酒家出售葡萄酒："葡萄酒，金叵罗，吴姬十五细马驮。青黛画眉红锦靴，道字不正娇唱歌。玳瑁筵中怀里醉，芙蓉帐底奈君何！"晚唐李肇《唐国史补》卷下记载："酒则有郢州之富春、乌程之若下、荥阳之土窟春、富平之石冻春、剑南之烧春、河东之乾和葡萄……"可见河东（今山西省和河北省西北部）的"乾和葡萄酒"已经在北方闻名一时。

奇怪的是唐代以后的三百年间，葡萄酒酿造业在中原反倒衰落——这或许是因为胡人保守酿酒技术，他们因为战乱等原因远走以后技术也就在中原失传了。金代元好问提到今天山西运城一带生长着很多葡萄，但是当地人却不知道怎么酿酒。

元代蒙古贵族似乎爱好葡萄酒。1252 年，法国佛兰德斯省人鲁不鲁乞受法王路易九世之遣赴蒙古晋见大汗蒙哥。蒙哥汗请他们喝的葡萄酒"像法兰西拉罗歇尔地方的葡萄酒"。蒙古权贵宴客时人们可以随意取用葡萄酒——包括葡萄酒在内的四种饮料分装于特制的大银树顶上的四个容器中，连着四根管子，可以自己去接。元世祖忽必烈时代蒙古人把葡萄酒酿造技术重新带入中原，至元二十八年 (1291 年) 五月，"宫城中建葡萄酒室及女工室"，官方从北向南建成多个葡萄酒生产作坊，元末江南也出现了官营的葡萄酒酿造作坊。

葡萄纹青花盘，明代，瓷器

元明时期中国产的青花瓷器大量出口西亚、南亚，其图
案也多为穆斯林喜欢的葡萄藤蔓、鲜花等植物。

可是随着蒙古人的败退，葡萄酒酿造业也一落千丈，之后的明清两朝中原地区很少见到葡萄酒酿造作坊，蒸馏白酒成为中国酒业的主流。葡萄作为水果、观赏植物倒还比较流行，明代山东人士写的《金瓶梅》里西门庆家院子里就有葡萄架，可见当时中原人也用葡萄来装点庭院。

当 20 世纪 90 年代以后中国重新兴起葡萄酒饮用热潮的时候，和葡萄酒这个词相关联的主要是法国、意大利这样的欧洲地中海国家，似乎某种象征现代、浪漫的异国情调蕴含在荡漾的酒波里。可是对 1300 年前的李白来说，"落花踏尽游何处，笑入胡姬酒肆中"中的"胡"却是指生活在西域绿洲的那些异族——新疆、中亚的少数民族乃至波斯人，他们是亚洲最早酿造葡萄酒的人。

除了这种异族情调，中国古人对葡萄和葡萄酒的认识非常实在，吃吃喝喝而已，但是在西亚、欧洲，最早种植葡萄和酿造葡萄酒的部落对酒是狂热的，如希腊

《静物》局部，1630 年，油画，弗兰斯·斯尼德斯（Frans Snyders），华盛顿国家画廊藏

人不仅大规模酿造葡萄酒出售，还以大量饮酒的庆典表达对神话中酒神狄俄尼索斯（Dionysos）的崇拜。住在法国的高卢部落在公元前 6 世纪就从古希腊人那里学到葡萄酒酿造技术了。罗马人则是从伊特鲁里亚人那里学会酿酒的，后又随着罗马帝国的扩张把葡萄和葡萄酒传遍西欧各地。到 15～16 世纪，葡萄栽培和葡萄酒酿造技术也随着传教士、商人们传入非洲、大洋洲和美洲——当地也有野生葡萄，但原住民没有将其用于酿酒。

葡萄酒在中世纪的发展和基督教会有关，《圣经》中有 521 次提及葡萄。红葡萄酒因为和血液的颜色接近，往往有特别的含义。《新约》记载耶稣在最后的晚餐上说："我肉将化为面包，我血将化为葡萄酒，用以拯救世人的饥饿！"耶稣受难后，门徒常聚在一起重温耶稣的教诲和举行分饼仪式，后来这两个部分演变成一整套祭献礼仪——天主教最崇高的弥撒圣祭。祝圣后的葡萄酒与面饼已变成了耶稣的"圣血"和"圣体"，参加祈祷的信徒分食以后就可以获得上帝的恩宠，获得救赎。

基督教的各种修道院的僧侣很早就开始种植葡萄，从公元 5 世纪到 10 世纪他们是主要的葡萄种植者和葡萄酒购买者。教士们还不断改进酿制技术，9 世纪以后他们和一些领主开始定期酿制并出售葡萄酒，这很快就成为一项产业。随着文艺复兴以后城市商业的繁荣，对酒的需求大增，酒庄也成为热门的投资项目。

葡萄酒历史上最有趣的部分是，宗教以及相关的社会道德习俗、政治经济制度对酒业的干预造成的各种后果。如果说基督教因为弥撒仪式上用到葡萄酒而发展了葡萄种植的话，伊斯兰教则完全禁止喝酒。1920 年至 1933 年的美国政府呼应民众的道德和健康诉求宣布禁酒，导致美国正常的葡萄酒业几乎消亡，而走私成为有利可图的事情，让黑手党大发其财。而出于经济原因干预酒业的历史同样悠久，罗马帝国时期曾经为了经济利益禁止从今天法国所在的行省进口葡萄酒到意大利本土；西班牙国王于 1595 年禁止在墨西哥殖民地开辟新的葡萄种植园，以便能把西班牙的酒出口到殖民地；英国也曾在 18 世纪提高关税限制进口法国葡萄酒，当时英法正在争夺欧洲的主导权。

20 世纪以后葡萄酒产业成为农业和食品经济的重点之一，法国、意大利、西班牙这些南欧国家出产的葡萄酒一向有名，美国、智利、阿根廷、澳大利亚、南非等国也在大力发展酿酒业，中国则是全世界增长最快的红酒进口国，在大城市中甚至逐渐取代了白酒曾有的地位。中国本土的红酒产业也在近十年高速发展，新疆、甘肃、宁夏、北京、河北、山东都出现了各种葡萄酒城和庄园，如果过去几年各地政府的各种葡萄酒城的规划如期建成，中国将是全世界最大的葡萄酒生产国。

灵芝：

升华之药

如今国内的山林旅游景区往往都有卖灵芝的小摊，随手可以摸可以谈价，好像每个森林里都有无数的灵芝在批量生产一样。而在古代，道士们用秘密的种芝法和玄妙的解释操控着"灵芝产业"，让它成为一种谜一样的生物。

灵芝并不是植物，用现代生物学的观点看灵芝归在真菌类，和植物、动物是并列的，而在古代的道教术士们看来，这是受天地灵气滋养长出来的神物，比如白娘子和许仙的爱情故事里峨眉山上那种可以"起死回生"的仙草就是灵芝。

"灵芝"一词最早出现在东汉张衡的《西京赋》里："浸石菌于重涯，濯灵芝以朱柯。"中国现存最早的药物学专著、成书于东汉末期的《神农本草经》里则把灵芝分成赤芝、黑芝、青芝、白芝、黄芝、紫芝六种，它们都属于上品药物，比如："赤芝，味苦平，主胸中结，益心气，补中，增慧智，不忘。久食轻身不老，延年神仙，一名丹芝。"这个记载前半部分讲述这种药材的味道、主治，后半句却写到轻身不老之类的大话，显然是受到当时方士、道士观念的影响。值得注意的是，在唐代之前药学家和方士、道士往往重合，许多有名的道士也是医药大家，因此这种对药材的经验型观察

《餐芝图》局部，
明代，
绢本设色，
陈洪绶，
天津博物馆藏

和玄虚思想的大杂烩常常出现在医书中。

从秦始皇开始，不时有皇帝对如何达到长寿甚至长生不老产生兴趣，相应的也就出现了对丹药、仙术这些玄秘知识的狂热追求，方士和道士也就有了存在的空间。道教的兴起一方面和春秋时期道家"以生为贵"的思想有关，另一方面又与战国时期逐渐流行的齐燕神仙信仰和成仙方术有密切关系，在清养之外逐渐发展出服食"仙药"得道成仙的说法。于是乎，寻找仙草、仙药，冶炼仙丹的故事在历朝历代层出不穷，不断上演。

秦始皇派出的徐福带 3000 童男童女远赴东海瀛洲寻找仙草没能回来，但原本长在深山老林里的灵芝却跑到了汉武帝的宫殿里，《汉书·武帝纪》记载元封二年（前109 年）六月汉武帝所住甘泉宫长出"九茎连叶"的灵芝，皇帝郑重其事昭告天下，宣布大赦，并作《芝房之歌》以记其事。这大概是甘泉宫年久失修或者有方士故意用朽木种下蘑菇状的灵芝，然后臣下借机献媚说这是天降吉兆，皇帝一高兴便大赦天下。此后进贡灵芝的事例就不绝于史书，因为历朝历代的皇帝都喜欢用类似的"祥瑞"证明自己统治的成效。

在汉武帝以后道教的方士不断神化灵芝的效用，张衡和《神农本草经》的作者对灵芝神化的词句，可能就是受到这些思想影响写的。东汉到魏晋南北朝时期是道教最为风行的时代，比如陕北出土的东汉初画像石中有仙人手执灵芝引导墓主升仙的场景，可以想象，诸如"食之成仙"的说法在东汉已经流传得比较广泛。

按照魏晋时代道士葛洪的说法，只要修习道法、学习炼形之术、服食仙药，便可终老不死，积久成仙。长在山林之中、松树之下的"五芝"在道士们编撰的"仙药"体系中具有显赫地位，一时间服食芝草而升仙的传说纷纷出笼，传说中的仙山仙境里更是遍生芝草。

汉代"天人感应"理念以为天道能干预人事，人的行为也能感应于天，由祥瑞或灾象来显示，因此儒士编纂的《孝经》《尚书大传》《白虎通》等也出现"王者德至草木，则芝草生；善养老，则芝实茂"的说法，于是灵芝便如传说中的凤凰、麒麟等灵禽祥兽一样，成为反映圣王德政的"祥瑞"。

最初的道士们也许并不全部是为了欺骗皇帝才发明出这套说法的，的确有人试图发现某种具有长寿效用的食品或者药物，那些不易取得、长在人迹罕至之处或者长相特殊的东西往往成为关注的重点，因此诸如葛洪、陆修靖、陶弘景、孙思邈等著名道家人物都有服食灵芝的记录，不过绝大多数道士可能只是出于盲从夸大了这些实践，附会出"神芝瑞草"的种种神奇说法。道教的人还总结出带有神秘色彩的采芝、饵芝的秘密方法，用以为权贵提供灵芝或不时制造新的祥瑞来取悦皇帝。

道士们把灵芝的源头追溯到《山海经》里记述的"天帝"小女"瑶姬"，神话说她幼年早逝，精魂飘荡到姑瑶之山化为瑶草。后来道士们说这种"瑶草"就是灵芝。三国曹植的名篇《洛神赋》中，用"攘皓腕于神浒兮，采湍濑之玄芝"描写神女采撷灵芝的情景。后面还有女神把马驱赶到栽种芝草的田野上放牧的情节。六朝人伪托《汉武帝内传》写到西王母居住的昆仑山上种有芝田，由此派生出三月三日仙女麻姑到绛珠河畔采集灵芝为西王母祝寿的故事，后来就成为民间流行的"麻姑献寿图"的主题：画上仙人麻姑手捧灵芝酒，仙童高举寿桃，仙鹤嘴衔灵芝，寓意为"吉祥如意""福寿双全"。

道士们控制灵芝种植的方法——如明代李时珍在《本草纲目》里揭露说"方士以木积湿处，用药敷之，即生五色芝"——偶尔可以取得成功，这让他们可以得到皇帝的很多赏赐，所以从南北朝到唐宋不断有人尝试这样做，民间也发展形成了搜求灵芝的热潮，山农野老如果在深山老林搜寻到灵芝就意味着可以到朝廷那里领到一笔赏钱，而官员和道士们都渴望从中得到更大的利益。

唐代以后服食灵芝"成仙"的说法不再有吸引力，而作为祥瑞的功能似乎变成了一种游戏。实际上宋代多数严肃的读书人不再相信所谓服食灵芝可以长生，或者象征什么祥瑞，我想皇帝们大多也持同样的看法。但是朝廷仍然在不断接受进献的

《花荫双鹤图》，清代，绢本设色，郎世宁，台北故宫博物院藏

灵芝，比如明世宗时各地进献的灵芝竟然堆积成山，号称"万岁芝山"。我想这时候皇帝、大臣和献芝人似乎有点心照不宣地在玩一个游戏：尽管都不再相信灵芝的效用，但是发现灵芝可以作为"祥瑞"证明皇帝的统御成功、国家风调雨顺，因此皇帝也不介意给献芝人发一点小奖赏。

灵芝崇拜也影响到传统建筑、设计和装饰艺术，灵芝菌盖表面有一轮轮云状环纹，被称为"瑞征"或"庆云"，古人认为是吉祥的图案，古代建筑的柱头、檐下等处描绘的"祥云"就是从灵芝和云纹的造型中抽象出来的，北京天安门城楼前华表上的一轮轮云状环纹就来自对灵芝菌盖纹路的抽象，清代皇帝们喜欢的"如意"的头部也是这种庆云图。

这种有关祥瑞的想法并没有随着古代王朝的覆灭而消亡，1958 年黄山药农拾到一株鹿角状灵芝的事情还在当地引起过轰动，当时郭沫若还曾赋诗《咏黄山灵芝草》。

李时珍在《本草纲目》里把灵芝列入菜部，认为乃树木腐朽余气所生，这可以说是从《神农本草经》开始的医药学家和道士逐渐分化的最后结果：中医们确立了自己的职业标准，试图完全和方士、道士们划开界限。

两百年以后，英国天文学家罗伯特·胡克（Robert Hooke）发明出的显微镜让人们开始了解菌类生长的秘密，灵芝不得不接受现代医学的检验和新的改造——它曾经的神秘色彩开始消散，营养学、药理学上的研究证明它也就是普通的菌类而已。

现代科学归为灵芝属（*Ganoderma*）的生物有 100 多种，全世界热带、亚热带、温带都有分布。中国的灵芝属生物据记载有 76 种，药用常见的是赤芝、紫芝（*G. sinense*）和松杉灵芝三种，中、日、韩最广泛种植的是赤芝。有意思的是，100 多年前法国真菌学家把东亚产的这种赤芝——表面新鲜时是浅黄色或硫磺色，成熟时菌肉中会出现黑褐色区带——和欧洲产的赤色灵芝归为一种，采用拉丁学名"*G. lucidum*"，但是 2012 年的时候大陆和台湾地区科学家发现两者的 DNA 有差异，应分为两种，他们建议把原产中国东亚暖温带和亚热带地区的赤芝称为"中国灵芝"，拉丁学名定为"*G. lingzhi*"，而欧洲原产的那种赤芝保留拉丁名"*G. lucidum*"，汉语学名改为"亮盖灵芝"（俗称白肉灵芝或白灵芝）。他们还意外发现，亮盖灵芝和中国东北松树林中常见的所谓松杉灵芝（*G. tsugae*）其实是同种生物，可见这是在亚欧大陆广泛分布的灵芝科生物。

1971 年日本京都大学的科学家直井幸雄用分离培养灵芝孢子的方法养出数量与质量稳定的灵芝，可以说奠定了现代商业化生产的基础，这以后东亚、东南亚国家纷纷开始种植灵芝。

现在，旅游区的小贩们为了让人工栽培的灵芝更像"野生品种"，常用人工色素给灵芝染上各种颜色，好向游客夸口"这绝对是千年灵芝"——实际上野生灵芝大多数为一年或两年生，少数可以成活多年的年龄最大也不过七八十年，何况现在人工种植的几个月就可以收成。

实际上，安魂养神、延年益寿的神药似乎都和道教有点关系。这是一系列的组合，比如松树、仙鹤、神仙，等等。和灵芝同类的道教神药也包括茯苓，这本是一种真菌的菌核，菌丝能分泌出酶使松树的木质素和纤维素分解成葡萄糖等营养物质，菌丝吸收以后形成团块，外皮棕褐色，里面是白色细腻的菌核。

也许因为松树本身是长寿的象征，茯苓又不易朽蛀，所以方士、道士们也声称服食茯苓可以长生。和灵芝一样，《神农本草经》也把它列为上品药："久服安魂养神，不饥延年。一名茯菟。"《抱朴子》里说有个叫任子季的人："服茯苓十八年，玉女从之，能隐能彰，不食谷，灸瘢灭，面生光玉泽。"古人很早就发现茯苓长在松树之下，因此东汉人高诱认为茯苓是松树形成的松脂，"茯苓者，松脂入地，千岁为茯苓。望松树赤者下有之"；还有些说得更玄妙，比如《抱朴子》云："老松余气结为茯苓，千年树脂化为琥珀。" 医药学家苏颂到茯苓产地进行观察后认为它是松树的某种气息形成的，这逐渐成为医药学家的共识。不过茯苓在梁代就已开始人工栽培，明清时代茯苓的栽培技术已相当先进，也就显得不再那么玄妙了。

紫藤：

攀缘的理由

《花经》上说："紫藤缘木而上，条蔓纤结，与树连理，瞻彼屈曲蜿蜒之伏，有若蛟龙出没于波涛间。"这似乎有点夸张，至少我家的紫藤没有蛟龙那样矫健，好不容易才让它在花园一角存活下来。倒是在西班牙塞维利亚的一个院墙前看到过爬墙而过的巨大紫藤，有一种古典绘画的意境，花色也真是"紫"得让人印象深刻。也许因为那里空气好的缘故，满枝翠色中间璎珞分垂，看上去比在国内见到的颜色都要鲜亮一些。

紫藤花是成群成串的，珠链一样垂缀在一块，但是近前仔细看的话，每一朵都像正在收腰的蝴蝶，而且单个的花朵可以看出更多的层次来，最里面则是几点黄色的花蕊。就像很多开花的植物一样，紫藤花很早就被中国人用来食用了，在河南、山东、河北一带，人们常采紫藤花蒸食，老北京人还吃一种"紫萝饼"，是用紫藤花、面粉、糖油料制成的月饼形状的糕点，至于用紫藤花做的"凉拌葛花""炒葛花菜"现在还是一些地方的农家菜。

苏州留园有一条著名的紫藤长廊，是连接园中小岛"小蓬莱"和曲溪楼的石桥上架的花棚，注意看的话你会发现它的藤蔓是向右攀依花架，春天的时候紫色的流苏蔓延而下，在浓荫下乘凉赏花，

《紫藤》，1822 年，手绘图谱，哈特（M. Hart）

《紫藤》,
现代,
纸本设色,
齐白石

令人心旷神怡。

让我记忆深刻的还有苏州忠王府里据说是文徵明手植的紫藤。忠王府原来是拙政园的一部分，后来因为太平天国时期曾作过忠王李秀成的府邸才有现在的名字。几经兵火，眼前的这株紫藤实际上是清人补种的，灰褐色的枝干相互缠绕着纠结在一起，嶙峋的样子就如同水墨画里的老松，显出苍然遒劲的树皮，而同时又有千百枝条卷曲而下，边上的石碑称之为"文衡山先生手植藤"，附近南墙嵌的砖额上写着"蒙耳一架自成林"七个篆字，说这一株老藤就是一片树林，真的不算太夸张。祖籍苏州的建筑大师贝聿铭设计忠王府旁的苏州博物馆时还特地从这株年代久远的紫藤上取枝移植到馆内种植，要把这一脉绿意也带到现代建筑中来。

紫藤属植物的原产地是东亚和北美洲，大约有十多个不同的品种，如美国东南部就原生一种美国紫藤（*Wisteria frutescens*）。紫藤也不仅仅是紫色，还有一种开乳白色花的叫银藤。中国是最早将紫藤养在花园里欣赏的，中国原产的紫藤（*W. sinensis*）在 1816 年传到欧洲和北美，很快和日本原产的多花紫藤（*W. floribunda*）——花筒比中国紫藤要长很多，而且它攀缘花架是向左旋转而上，而中国紫藤向右旋——一同成为园林中受欢迎的品种。多花紫藤自 1830 年被引入北美，也广泛用作作为门廊、露台、墙和花园的装饰观赏植物。不过这两种紫藤生命力极强，常会形成侵略性的茂密藤蔓让别的植物无法生长。

美国加州的马德雷市有一架世界最大的紫藤，1894 年种下的树现在枝丫蔓延长达 152 米，可以覆盖半公顷的地域，每年开花 150 万朵。这株紫藤就是中国紫藤的一个变种，从 1918 年起每年 3 月中旬的紫藤节成为当地的旅游盛事，最多的时候有十多万人前往参观。

在日本，紫藤也是重要的观赏植物，每年樱花季过后，四月中旬至五月中旬紫藤开花时捧场者也甚多。还有一出描述日本平安时代的悲伤爱情故事的歌舞伎名作《藤娘》已经上演了近两百年，讲述出身贵族之家的女子藤娘爱上了市井小贩太郎，暴怒的父亲将藤娘深锁宫中，藤娘夜夜哭泣，月神感动之下拔下头簪化作一束开花的紫藤，藤娘顺那紫藤爬出深宫，却见拿了父亲好处的太郎正忙于和别的女子结婚，身心受挫的藤娘郁郁而终，死后化作一束藤花。

在四五月暮春的时候，南方很多公园能见到紫藤像瀑布一样从架子上垂下来的景观，翠绿的枝叶遮住发烫的阳光，自然吸引了不少人去乘凉。有时夏末秋初紫藤还会再开一次花，可是就没有暮春时候茂盛了。等秋天来临，紫藤花谢了，人们就不再注意类似扁豆一样挂下来的紫藤荚果——扁圆的条形种子长满白色绒毛，在八九月的时候可以捡拾到许多。这时候绿叶渐渐落了，紫藤进入生命的休眠期，可那古色苍然的虬枝仍然是冬季可装点园林的美景。

《藤娘》，1802 年，浮世绘，喜多川歌麿

紫罗兰和香堇菜：

一念之间的香

往往，隔绝才让怀恋变得刻骨铭心。

中国最热烈的紫罗兰花爱好者是民国时候著名的"鸳鸯蝴蝶派"作家、园艺家周瘦鹃。他 18 岁那年在一所中学任教时爱上英文名为"Violet"的女生周吟萍，两人书信往还，情意绵绵，可惜最终因为女方家庭阻挠，有情人未成眷属。这段精神恋爱让周魂牵梦萦，从此一生钟情"紫罗兰"这三个字，不仅案头清供此花，朝夕相对之余还把自己写的书起名《紫罗兰集》《紫罗兰外集》《紫罗兰庵小品》《紫兰小谱》。真如他所说的，他后来的生活"始终贯串着紫罗兰这一条线，字里行间，往往隐藏着一个人的影子"。

到图书馆看周瘦鹃 1925 年 12 月创刊的《紫罗兰》杂志，会发现和鲁迅式的严肃文学不在同一个文化世界：这里有翻译的屠洛涅夫短文、卓别林电影的评论，也有侦探小说、政治逸事、生活小常识和俏皮歇后语，这是市民阶层和学生群体们喜欢的趣味化的文艺杂志，类似今天的《读者》《美文》的杂交体。如今红得发紫的张爱玲的《沉香屑：第一炉香》也发表在 20 世纪 40 年代的《紫罗兰》杂志上。

靠出版杂志、写文章赚得的钱，周瘦鹃于 1935 年在苏州购地自

《紫罗兰》，
1772 年，
手绘图谱，
尼古劳斯·约瑟夫·雅坎
（*N.J.Jacquin*）

Rhexanthus fenestralis

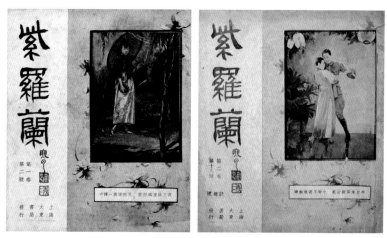

《紫罗兰》杂志封面，1925 年创刊，周瘦鹃主编

建园林"紫兰小筑"，又叫"紫罗兰庵"，里面的花台命名为"紫兰谷"。1949 年的大变局之后，他的其他文章无法发表，只好写《花前琐记》《花花草草》这样的散文小品。即便这样也难逃"文化大革命"的劫难，他的花园被夷为废墟，书画收藏流离失散，人也成为"批斗对象"。1968 年 7 月 18 日，不堪凌辱的他在紫罗兰庵里投井自尽。

有意思的是，周瘦鹃寄托情思的"紫罗兰"在当代植物分类学中却被叫作"香堇菜"（*Viola odorata*，英文名称是 Violet 或 Sweet Violet），归在堇菜科堇菜属中。20 世纪初香堇菜被洋人传入上海等地，它蓝色的花朵最引人瞩目，薄如罗，香如兰，因此当时译名为"紫罗兰"。这名字让原产南欧的洋派植物和中国传统文化中兰花象征的优雅境界建立了关联，带着某种浪漫情调和娇柔色彩，尤其得到许多女孩子喜欢，在民国时候上海就有以"紫罗兰"命名的化妆品、饰物和小店等。

另有一种十字花科紫罗兰属的植物，也就是当代植物分类学上的"紫罗兰"

（*Matthiola incana*，其英文名为 Stock），在传入中国后，起初被根据发音直译为"四桃克"，这名称缺乏魅力，也不好理解，人们根据其花朵颜色、形状又称为"草紫罗兰"。紫罗兰原产南欧，在古希腊和古罗马时代，曾被当作香药栽培，直到 20 世纪才受到重视并且被作为观赏花卉栽培。它一般春天开花，花瓣展开形成十字形花冠，有粉、紫、白、淡黄不同颜色的种类。我在西班牙古都托莱多一个雕刻家的窗外看到过一大盆紫罗兰，芬芳的香气在屋子里也可以闻到。

香堇菜和紫罗兰在南欧野外都很常见，开紫色小花，有香味。香堇菜很长一段时间被称为"紫罗兰"，这反映出"民间习惯命名"和"科学体系定义"有趣的差别和互动。

相比之下，"香堇菜"这名称显得世俗多了。堇菜属的植物有五六百种，在包括中国在内的北半球温带地区分布很广泛。香堇菜原产于地中海到土耳其之间的广大地区，春夏秋都可以开花。这种花的生命力很强，在各地蔓延的速度很快。部分原因是因为它是极少数可以闭花受粉的植物，不需要蜜蜂、风力的帮助就可以自己授粉繁育。

刚长出的香堇菜叶子可以当菜吃，法国图卢兹有一种蜜饯香堇菜甜点，是用蛋清和糖调的稠汁混着新鲜的香堇菜花瓣来回搅拌、晾干制成的。欧洲好多地方用香堇菜花瓣做沙拉、热菜和甜点的配饰，搁在盘子边上，据说可以带给食物馨香。

在中世纪香堇菜象征谦逊，因为这种花害羞地躲在叶丛中，这种不张扬的美德让一些人联想到耶稣基督的母亲玛丽亚在教会神学中的位置。香堇菜也是复活和春天的象征。据说希腊神话里地狱之王爱上处女珀耳塞福涅（Persephone），有一天珀耳塞福涅走过一片长满香堇菜的田野时被他抓入地狱，这会导致土地的荒寂；因此古人每年都要举行祭祀来祈求地狱之王同意让珀耳塞福涅在冬天过后走出地面，带来春天。在中世纪德国南部，一些地方的人会把刚开的香堇菜花挂在船桅上，表示庆祝春天的到来。

16、17 世纪从地中海进口的香堇菜在英国人的花园中非常流行，16 世纪的英国草药师约翰·吉拉德（John Gerard）在自己的书里说香堇菜的发明权属于希腊神话里的主神宙斯，他和人间的阿尔戈斯国王的美丽女儿偷情，碰上天后赫拉过来，他就立即把情人变成小母牛，为此他创造出甜美的香堇菜让小母牛能饱餐一顿。现在看来这故事多半出自吉拉德的编撰、附会。为了赋予自己所爱的事物更重大的意义，把它的起源附会到神灵、名人身上是常见的事。也许所谓"文化"，多半都是像莎士比亚所言，是"给纯金镀金，替百合抹粉，在香堇菜的花瓣上洒香水"。

香堇菜花的淡淡幽香早就受到女士们的青睐，中世纪时人们爱佩带包有熏衣草或香堇菜花的香包，后来香堇菜成为制作香水的原料，依旧被大家称为"紫罗兰香水"——如果按其学名叫"香堇菜香水"恐怕会吓跑爱美的顾客吧。香堇菜的香味来去倏忽，这也是它独特的魅力。

据说法王路易十六的皇后玛丽·安托瓦内特（Marie Antoinette）喜欢香堇菜味道的香水，她后来陪夫君一起上了断头台，十多年后暴民们又欢天喜地迎来新皇帝拿破仑，他的皇后约瑟芬也同样喜爱香堇菜香水。法国民间有许多关于拿破仑和香堇菜的说法，诸如从厄尔巴岛逃出来复辟的时候曾经去马里美宁城堡约瑟芬的墓前献上一束香堇菜，很快他再次遭遇失败，在最后的流放地圣赫勒拿岛死去，临终时还在喊着"约瑟芬"，人们发现他一直保存的小盒子里有两朵枯萎的香堇菜花和一绺浅栗色的头发，前者代表他对妻子的爱，后者则是他爱子的胎发。

实际上，拿破仑和约瑟芬的关系远比这些真假难辨的故事复杂，南征北战的拿破仑和约瑟芬各自有自己的情人，后来他因为约瑟芬无法给自己生育子嗣而提出离婚，四个月后就和奥地利女大公玛丽·路易莎成婚。真相有时候扑朔迷离，记得拿破仑曾在圣赫勒拿岛上给友人写信说："我真心爱我的约瑟芬，但我不尊重她。"他在远征埃及的时候说过的另一句名言是："权力是我的情妇。"

薰衣草：

蓝花映罗衣

　　普罗旺斯、薰衣草，这是现代旅游工业和香水工业在花卉世界最成功的品牌之一。法国南部的小镇普罗旺斯以种植薰衣草出名，可这本来不是为了让游客悦目。薰衣草属的拉丁学名 *Lavandula* 意思是"洗"，这是因为古罗马人喜欢用它的香水洗澡，所以当罗马帝国占有法国以后，就在南部大面积栽种薰衣草。在中世纪，法国人以为薰衣草有祛除疫病的效用，一度还推倒果树换种薰衣草，到 20 世纪薰衣草才转型成为香水制造业的原料。

　　唇形科薰衣草属的芳香植物在地中海、西亚、南亚地区都有分布，大约有三十多种，因为它的气味芬芳怡人，是药草园中最受人喜爱的一种，有"芳香药草之后"的称誉。这是地中海沿岸、美国及大洋洲列岛常见的观赏植物，我在西班牙人的庭院里见过好几种不同花色的，蓝紫色、粉红和白色的都有。薰衣草虽然称为草，实际吸引人欣赏的还是它那紫蓝色的小花，形成花穗生于茎的上部，能闻到一丝丝香味。尤其是风吹起，一整片薰衣草宛如紫色的波浪随风起伏的时候最为动人。它的花、叶和茎上的绒毛均藏有油脂腺，轻轻碰触，油腺即破裂而释放出带有木头甜味的浓郁香气。

　　多数蓝色和紫色薰衣草原产欧洲南部地中海地区，粉红色薰衣

T. 3. N.º 42.

《狭叶薰衣草》，
1806 年，
手绘图谱，
雷杜德

LAVANDULA spica.

LAVANDE commune. pag. 272

P. J. Redouté pinx.

Gabriel Sculp.

草分为西班牙薰衣草（*L. stoechas*）和狭叶薰衣草（*L. angustifolia*，又称英国薰衣草，其实也是从南欧传入英国的）。普罗旺斯最常见的是耐寒的狭叶薰衣草和宽叶薰衣草（*L. Latifolia*）杂交选育出来的混种薰衣草，因为它花大，香精量大。狭叶薰衣草也常被用来提取高级香水，它的叶子较细、花穗较短。

在古埃及国王图坦卡蒙陵墓发现的按摩油和药品中有一种成分像是薰衣草，可能在当时只有王室成员和祭司才能使用它来涂抹尸体作为防腐剂，也许那时候就开始人工种植了。古希腊人从埃及人那里学会如何使用这种香草，他们喜欢用薰衣草提炼的油膏来涂脚。古希腊人把薰衣草油膏称为纳德斯（Nardus）或纳德（Nard）——这个名称源自叙利亚人当时控制的一个叫纳达（Naarda）的城市，也许中东这些部落是最早开始大批种植薰衣草并制作精油出售的，当时薰衣草是和藏红花、肉桂、没药、芦荟并称的珍贵香料。希腊医生泰奥弗拉斯托斯（Theophrastus）论述了这种油膏的气味具有的"治疗性"，这也许是芳香疗法的源头之一。希腊哲学家第欧根尼宁愿在脚上涂油而不是像埃及人那样在头上涂抹，他认为这可以让自己全身舒泰。

罗马人又从希腊人那里继承了这种爱好，权贵们的身体、头发、衣服、床都用薰衣草香精喷洒，散发出芳香的味道，他们会将薰衣草等香草一起放到洗澡水里，他们还把薰衣草当驱蚊剂、用来调味，甚至把干薰衣草当作烟草抽。所以当时薰衣草已经是大量供应的商品，一磅薰衣草的花可以卖到一百第纳尔，这个价钱约等于当时佃农干一个月活的所得。

罗马人还重视薰衣草治疗疾病和防腐的功能。尼禄手下的军医迪奥斯科里季斯（Dioscordes）记载说，内服薰衣草制剂可以缓解消化不良、头痛、喉咙痛，外用的话可以清洁伤口和治疗皮肤烧伤，当时罗马士兵已经用它来敷裹外伤——第一次世界大战期间这也是士兵常用的伤口敷料。

在蛮族入侵、罗马帝国解体以后的几个世纪里薰衣草的使用大大减少了，只有一些基督教僧侣还在修道院种植和研究它的草药作用。7 世纪以后反倒是阿拉伯医生们对薰衣草促进伤口愈合的作用有所研究，他们对薰衣草的重视也从西班牙、西西里等地传播到欧洲其他国家，这才让西欧人开始重视起来。

12 世纪德国的草药师宾根尼德发现薰衣草香精可以驱除头虱和跳蚤，也可用它来治偏头痛。一些地方的人以为薰衣草可以防止邪恶入侵，所以常挂在门前。文艺复兴时期薰衣草被用作装饰品，富人拿薰衣草香精作为消毒剂和除臭剂。16 世纪黑死病肆虐的时代流传着法国格拉斯制作手套的工人因为常以薰衣草油浸泡皮革得以逃过鼠疫的故事。当时很多人以为这种草可以防疫，其实这个故事也许有那么一点真实性，就是薰衣草可以驱除跳蚤，有助于预防跳蚤传播的鼠疫病菌。因需求量日增，16 世纪末法国南部地区开始大量栽培薰衣草。

因为据说薰衣草可以治疗头痛，所以16 世纪晚期患偏头痛的英国伊丽莎白女王常常喝薰衣草泡的药。这让薰衣草种植在英国逐渐扩大。据说当时情人间流行将薰

黑死病爆发期间瘟疫医生穿鸟喙装以防感染，1656 年

衣草赠送给对方，以表达爱意。1665 年伦敦黑死病肆虐的时候人人都惊恐地在手上绑一束薰衣草来保护自己，并储存薰衣草精油以抵御疾病。这就让薰衣草价格节节走高，以致小偷们破门而入的时候也把它带走卖钱。17 世纪，英国的清教徒也把欧洲薰衣草带到北美洲种植。18 世纪，伦敦南区的薰衣山、法国的普罗旺斯、格拉斯附近的山区都以遍布的薰衣草田而闻名，并成为旅游胜地。

英国 19 世纪的维多利亚女王喜欢薰衣草，用它来清洗地板、家具、床单，女王带动了英国上上下下的热情，薰衣草几乎出现在每家药草园中。伦敦的吉卜赛小贩满街出售薰衣草制作的香包之类，也许那些神奇的治病故事就是从他们那里流传出来的，在他们口中这种草几乎无所不治，从头痛、神经错乱、蚊虫叮咬一直到壮阳，新婚夫妇床上也可以用薰衣草香袋来催情。这种需求刺激了商业性种植的大发展，伦敦郊区的米切姆就是当时的香精生产中心，可是后来随着工业和金融业的发展，地价逐渐升高，英国变成了一个薰衣草香精进口国，而法国成为最大的薰衣草产品出口国。

现在法国每年生产大约 1000 吨薰衣草精油，去法国南部旅行的话会发现薰衣草真是无处不在，从香水到洗洁精、蜡烛、干燥花香囊、薰衣草蜂蜜、薰衣草果酱，法国和其他一些西欧国家的厨师还将它用在食品里作为辛香料以及蛋糕的装饰。

虽然薰衣草油膏早在汉代已传入中国，香水也在晚清引入，但种植薰衣草在中国却很晚。1963 年由原轻工部组织，北京植物园引进试种杂交薰衣草，后来在我国上海、北京、陕西、云南、河南和新疆等地也进行了多年的试种和栽培。由于新疆的伊犁地区气候条件与法国南部山区近似，于是在伊犁农四师的 65 团、70 团、71 团、69 团等地进行规模化的栽培和加工，现在伊犁薰衣草种植面积已达 2 万多亩，仅次于法国普罗旺斯和日本北海道。当地还创办了自己的薰衣草文化节，每年 6 月中下旬也是一片紫色的花海，颇为壮观。

现在全国好多城市的郊区都开发了薰衣草园，游客们兴冲冲过去，发现就是山谷边一块地种着几亩花，大家找个好位置拍照留念而已。按说伊犁河谷的薰衣草那样大的规模，要是在东南部，必定是人山人海的旅游大热点。可新疆距离人口密集的大都市太远，又没有普罗旺斯和北海道那样大的名声，就有点冷落了。

《莫奈在他阿让特伊家中的花园作画》（局部），1873 年，雷诺阿（*Pierre-Auguste Renoir*），沃兹沃思艺术博物馆藏

鸢尾花：

和玛利亚的百合纠缠不清

春天去佛罗伦萨能看到紫色鸢尾花开放的场景，一朵朵就像蝴蝶落在青绿的叶片之间。很难想象如今这座以旅游业著称的城市在 19 世纪还是个工业小城，当时加工鸢尾花曾经是佛罗伦萨商人的主要产业，三个工人一天可以栽种 5000 株花，等到秋天他们还要挖出鸢尾的根茎来削皮、晒干以后卖给香水厂去提取香精。实际上，梵高在法国南部小城阿尔绘制的油画中那成片的鸢尾花，也是为了同样的经济目的而大面积种植的。

鸢尾科大约包含二百多个种、几千个品种的花木，原产地几乎遍布整个温带，所以各地都有自己的栽培品种。这个庞大家族里植物的共同特点是都由 6 个花瓣状的叶片构成的包膜，3 个或 6 个雄蕊和花蒂包着的子房组成。

当代中国人最常见到的是从国外引种的、四五月开花的蓝紫色鸢尾花。而以前中国曾先后栽培过的鸢尾类植物包括乌鸢、蝴蝶花、玉蝉花、溪荪、马蔺、花菖蒲、唐菖蒲等几种。东汉末期《神农本草经》中记载有一种植物叫"乌鸢"——具体指哪一种花并不是很确定，但到了南北朝的时候有一种叫"鸢尾"的花——以其株形似鸢（老鹰）的尾巴而命名——已经出现在古人的花园里。

《香根鸢尾》,
1813年.
手绘图谱

Iris pallida.

Iris pâle.

P. J. Redouté pinx.

De Gouy sculp.

目前中国的园林里常见的鸢尾类植物大致有以下几种：

"花菖蒲"或者"玉蝉花"（*Iris ensata*），原产东北亚，爱长在水边湿地上，每到六七月开出深蓝紫色或者红色的花朵；"射干"（*Belamcanda chinensis*），叶子要比花菖蒲的高，一般开短管形状的橙色花朵，上面还有紫红色斑点；"唐菖蒲"（*Gladiolus gandavensis*）又名"剑兰"，并不是兰花，只是岭南人因其叶似长剑而起的名字，这种花盆栽不大美观，但却是广受欢迎的切花，其中最有名的品种是英国人 19 世纪从南非带到英国栽培的，因为它紫红色的花大而美丽，似蝴蝶在花丛翩翩起舞，所以很快就成为流行的花卉，常栽在公园的水池或湿地中观赏。这种"剑兰"长得比其他常见的鸢尾属植物高很多，叶片较窄且长，开花时期也不同。

至于青翠的叶片和唐菖蒲类似、也爱长在水边的"菖蒲"（*Acorus calamus*）则是天南星科的植物，在亚洲各地常见，它和鸢尾科的植物没有多大关系。菖蒲夏秋季开的花像黄褐色的蜡烛棒，但重要的是它的花、叶、茎都散发出香气，可以做香料、入药、制酒，古人也用它来辟邪，唐代以后每到端午时节除了门上插艾草以外，一些地方也插菖蒲。而在国外，古埃及人在三千多年前就提到菖蒲可以入药。

如今鸢尾花在世界范围内成为流行花卉是欧、日、美等地的园艺家推动的，1600 年以后他们不断在世界范围内移植、嫁接、杂交，培育出上千种新品种，比如中国的花菖蒲原来并不是用作园林观赏的，近代传入日本以后经日本园艺家进行选育，又传到欧洲，再经不断改良以后就发展出几百个品种，而整个鸢尾类的花木品种已经超过两万多个。

最早栽培鸢尾花的是古埃及人。公元前 1479 年左右埃及国王图特摩斯三世的花园里就有这种花，它和莲花、百合花、棕榈叶一起组成埃及神庙上"生命之树"的图案。埃及人和印度人还用它的根茎入药和做香料。

鸢尾花的希腊文名字（Iris）来自希腊神话里有金色翅膀的彩虹女神爱丽丝（Iris）。她是众神与凡间的使者，当善良的人逝世时她将前来引导他们的灵魂沿着彩虹桥上升到天国，所以希腊人常在女性的墓地上种植鸢尾或在墓碑上刻上鸢尾花图案，希望它能引导亲人到天堂安息。也许是因为这种花有红、橙、紫、蓝、白、黑各种颜色，和彩虹有点类似吧。

鸢尾花在中世纪的基督教神学体系里也有小小的席位，因其三片花瓣的形象，被认为是"三位一体"的象征，又传说它是圣母玛利亚甚至夏娃的眼泪落地生成的。

相传法兰西王国第一个王朝的开创者克洛维皈依基督教受洗礼时，梦见上帝派遣天使送给他一朵鸢尾花。另一种说法是鸢尾花救过他的命：当敌人追击他的时候他看到一道彩虹从莱茵河上升起，指引他蹚过河水摆脱了敌人追击，因而他用香根鸢尾的旗帜替代了之前使用的青蛙图腾。但中世纪基督徒编撰的史书——许多情节可以当小说看——中并没有出现鸢尾花或其他的花，只是说克洛维一世原来信仰本部族的阿里乌教派，信奉基督的妻子劝说他皈依基督教曾遭到拒绝。496 年他与进犯的阿勒曼人对垒时一开始打了败仗，危难之际他便向基督教的上帝发誓如果能转败为胜就带法兰克人皈依。接下来阿勒曼军中突然发生内乱，克洛维不战而胜，于是他就在当年圣诞节率领 3000 名法兰克士兵接受洗礼，皈依了基督教。

不论法国王室徽章的起源是怎样的，随着王室地位的上升，关于王室徽章的说法也越来越神乎其神。尽管其图形更接近鸢尾花，但当时多数人都叫这种花为"金百合"或"法兰西百合花"——主要原因是这时候百合象征圣母玛利亚，宗教意义更为神圣。一眼看去鸢尾和百合似乎都有 6 枚"花瓣"，可实际上它们是不同属的植物，鸢尾的花瓣只有 3 枚，外周那 3 瓣是保护花蕾的萼片，由于长得酷似花瓣会让人产生误会。此外，鸢尾的中央 3 个花瓣向上翘起，周围 3 个萼瓣是半翻卷的，而百合花的花瓣一律向上，也显得更为厚实一些。

《鸢尾花》，1889 年，油画，梵高，洛杉矶保罗盖兹艺术中心藏

　　《鸢尾花》是梵高去世的前一年在法国圣·雷米的精神病院住院期间所画，左下前景的鸢尾花与左上角的一簇野菊呼应，野菊的赭红与鸢尾花的蓝透露出一种带着忧郁、躁动的情绪。二者相接处，有一白色的鸢尾花。1892 年此画以 300 法郎成交，百年后的 1988 年，保罗 - 盖提博物馆在拍卖会上以 5300 万美元购得此画。

牵牛花：

村边的小花

牵牛花好像满世界都有，随意，但又顽强地每年生生不息。在罗马的旧城墙上钻出的红色喇叭花依偎在沧桑的石壁上，在印度的恒河边也能见到它缠绕在一棵橘子树脚下。中国的东西南北任何一个村落，也都能在路边找到它的身影。

古代诗人们咏叹牵牛花多半因为牛郎织女的浪漫传奇，每年七夕牛郎织女相会的时节也正是牵牛花绽放的时候，可是李时珍在《本草纲目》中记载了一个朴实得多的故事，说是用牵牛花种子做的药效用好，农夫牵着牛来换药，所以人们就叫这种花为"牵牛花"。

我小时候在公园挂着露珠的草丛中摘过牵牛花，放在手掌里还真像个小喇叭，可这个纤细的喇叭轻易就可以用大拇指和食指揉碎，中央是白色的粉蕊，凑近鼻子嗅，似乎有一股淡淡的清香。其实有好多种花可以当藤蔓，也开小喇叭形状的花朵，比如马兜铃以及落葵、扁豆、豇豆、葛藤都是如此。但是牵牛花适应力最强，所以从南到北都有它的身影。

等到初秋的时候牵牛花会结出球形的小果实，里面有卵状三棱形的种子，黑色的叫"黑丑"，米黄色的叫"白丑"——不是说它们长得丑，而是指牛，丑是牛的代称而已。中医拿它们做药物，据

《牵牛花》，
1781～1786年，
手绘图谱，
雅坎

Jpomœa hederacea.
Jacq. Coll. vol. 1.

说有泻水利尿的功效——现在的药理学家测定说这"二丑"里面含有各种酸、碱成分，的确有泻药的作用，但也有毒副作用，最好不要随便服用。

虽然早在 6 世纪初南朝的陶弘景就在《名医别录》中记载牵牛花可以入药，宋代还有诗人写过赏牵牛花的诗，"红蓼黄花取次秋，篱笆处处碧牵牛"，但现在中国的园林、花园里种植的多数都是"矮牵牛"，原产南美洲，1823 年才传到巴黎。中国大概是 20 世纪初才从日本引进过一些，因为花朵也是小喇叭形状，所以大家习惯上也叫牵牛花。但实际上从植物分类学来看，牵牛（*Ipomoea nil*）为旋花科牵牛属植物，藤蔓矮趴在地上走，一般 6 月以后开花；而矮牵牛（*Petunia × hybrida*）为茄科碧冬茄属植物，它可以长到二三十厘米高，4 月就可以开花。作为园艺品种的矮牵牛，是由野生的直立性腋生矮牵牛（*P. axillaris*）和匍匐性青紫矮牵牛（*P. integrifolia*）杂交培育而成的，直立性腋生矮牵牛于 1823 年由南美洲引进巴黎，匍匐性青紫矮牵牛的样本则于 1831 年被送到英国的植物园，杂交成功以后就成为世界各地花园里的常客。

旋花科牵牛属有一千多种植物，原产各大洲的热带地区，有个特点是清晨开花，中午凋谢闭合，因此宋代诗人梅尧臣写过"日出颜色休"的诗句，这和日本人称之为"朝颜"有异曲同工之妙。

中国的牵牛花在唐代被遣唐使作为药材带回日本，奈良时代以及平安时代主要入药，但是到了江户时代就成为特别流行的园艺植物。《源氏物语》里就提到，诗人松尾芭蕉也写过自己墙根开着的牵牛花，这是日本人说的"秋七草"之一。

日本人爱赏这种他们称为"朝颜"的小花，大约是因为它生命力强，每天早上总能看到又在枝蔓的那个地方冒出几朵来，给人一些小小的惊喜吧。他们不断栽培杂交，在日本宽文四年（1664 年）的手抄本《花坛纲目》中已有了白色的牵牛花品种，此后又陆续培育出其他花色的变种。到 19 世纪初已经有上百种新品类，后来还培育出好多花色奇特的牵牛花，比如栗褐色、白色花瓣上有一道紫纹的，一半蓝色

《贤女烈妇传之加贺的千代》，1840～1841年，
浮世绘，歌川国芳

一半紫色的，等等。有一种叫"狮子牡丹"的，花形甚至不是喇叭形，而是呈多条丝状。至于大花牵牛的花径可达 20 厘米以上，是平常的三四倍。现在中国许多公园里种的花大的裂叶牵牛也是 20 世纪引进的日本品种。2014 年还有新闻说日本的生物学家通过向牵牛花中植入金鱼草基因，成功培育出了黄色的牵牛花。

牵牛花在中国、欧洲、美国好像没有在日本园林里地位那样高，也没有引起那么多感叹，宋代诗人写的都是乡镇上野生的牵牛花，一直到晚清还只有蓝色和紫红色这两种原生的花色，可见是少有人拿回家去培育的。

中国爱牵牛花成痴的第一人是京剧大师梅兰芳，传记里说他从小就爱看花，

银汉懯

良辰近七夕无乘有牵牛
鹊浥银河畔涼生玉宇秋
哥青临月榭送巧人星楼
雠谈添佳兴鉴诗好唱酬

恽氏兰溪

《牵牛花图》册页，
清代，
纸本设色，
邹一桂

22 岁自己动手培植，秋养菊，冬养梅，春天养海棠、芍药和牡丹，夏天养的是牵牛花。他先是在朋友齐如山的花园里看到有几种牵牛花的颜色非常别致，如赭石色、灰色以及杂色，都是从日本引进的新品种。齐如山说牵牛花在晨光熹微时开放，这时候起来赏花还有督促人早起的好处，一向要早起练功的梅兰芳也就依言开始栽种。他的四合院足够大，宅院内常年栽种有几百种牵牛花，甚至自己也培育过新品种。1924 年梅兰芳去日本时还专程到东京台东区的植物园参观，将新品种引种到自己的花圃。他也从日本引进过原产美洲的矮牵牛，可以开出许多五颜六色甚至带斑纹的花朵。

梅兰芳还请齐白石来画过好几回自己养的牵牛花，在农村长大的齐白石对牵牛花这种乡野常见的草花自然不陌生，可第一次见到梅家花大如碗的进口矮牵牛时也感到惊讶，"百本牵牛花碗大，三年无梦到梅家"，从此常画这一题材的画。梅兰芳的起居室里一直挂有齐白石画的牵牛花。雕花木匠出身的齐白石是有乡野味的大师，所以不是太在乎那些传统文人的格式格调，反倒是有一种天真在。他自述"余二十岁后喜画人物，将三十喜画美人，三十后喜画山水，四十后喜画花鸟草虫"，后期笔下多是花卉草虫，虽然他也爱梅花，故乡的房子叫"百梅书屋"，可是他画梅花不像多数画家那样追求出世的清寒气息，倒是有股日常的舒展情态。

另一个画牵牛花的美国艺术家奥基弗（Georgia Okeefee，1887～1986年）的风格和齐白石不同，她画西部原野上的羊头、大丽花、牵牛花，引领人们直视动植物形象——常常类似性器官，吸引人的眼睛——进而感受背后的死亡、性、生命。她喜欢把花朵画得巨大，把抽象的结构与局部特写巧妙地结合在一起，让观众受到前所未有的震撼。正如她所说："每个人都可以用许多方式去感受一朵花，你可以用手去轻轻地触摸它，或者蹲下来去闻它，或者你也许几乎想用自己的嘴唇去轻吻它，或者把它赠给某个心爱的人。但我们很少花时间去真正地端详一朵花。我把这些花朵在我心目中的印象画了下来，以足够大的尺寸，这样他人便能见我所见了。"

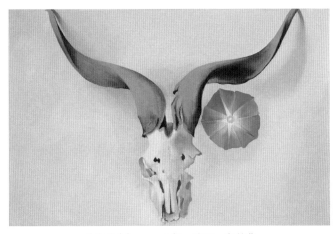

《公羊头》，1938年，油画，奥基弗

红豆：

相思朱颜

　　"红豆生南国，春来发几枝？愿君多采撷，此物最相思。"

　　唐代诗人王维这首平白的诗歌打动过许多那个时代的有情人，十几年前或许还有人用红豆表达男女之间的相恋相思之情，现在，发微信、短信"表情符号"就够了吧？不过，王维写的可不是我们今天常吃的豆沙包、豆沙月饼乃至红豆沙冰棍里用到的食用红小豆（*Vigna angularis*），而是指含羞草科植物孔雀豆（*Adenanthera pavonia*，又称海红豆）或者豆科蝶形花亚科相思子属的相思子（*Abrus precatorius*）的种子。后两者植物的种子都含有毒成分，只能用来观赏而无法当食物吃。

　　汉魏之间中原人眼中的"相思"标志是鸳鸯以及泛指的相思树，晋代干宝给当时广泛流传的韩凭夫妇殉情的故事增加了"死后化生相思树"的情节。随着汉帝国向南方扩张，北方文人开始接触南方树木所结的红豆。东汉末年曾在华南住过的刘熙记载当时的福建有一种叫"相思"的大树，"其实赤如珊瑚，历年不变"。大概当时人把北方文人讲的相思树的传奇套在了孔雀豆这一树木身上，其豆子开始被人珍重保存、互相赠送。赠送红色的豆子表达相思乃至串成手镯或是先从南亚、东南亚传播到华南的习俗，东南亚人很

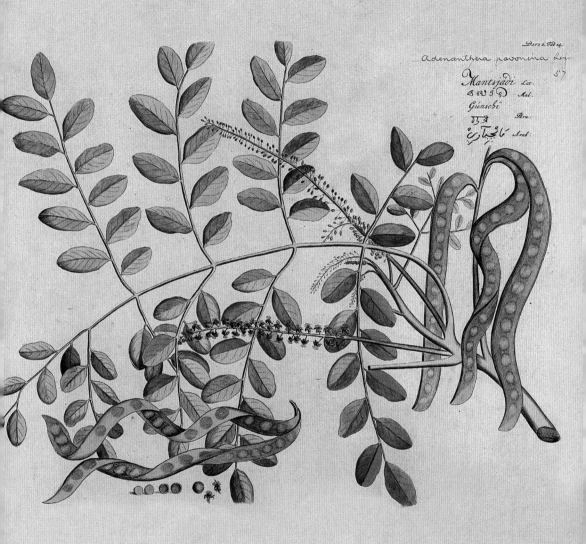

Pars 5. Tab 4.

Adenanthera pavonina Lin

Mantsjadi Lat.

Günschi Bra.

《孔雀豆》,

1686年,

手绘图谱,

亨德里克·范·里德（Hedrik van Rheede）

早就用光鉴玲珑的孔雀豆一类的彩色种子、石头装饰脖颈、手腕。

孔雀豆树是亚欧大陆热带地区原生树种，能长到十多米，秋天结出的种子有小拇指头大，扁圆形或心形，鲜红而光亮。现在云贵高原和华南还比较常见，东南亚有些地方的人还把它的嫩叶当菜吃。另外，唐代李匡乂《资暇集》中说："豆有圆而红，其首乌者，举世呼为相思子，即红豆之异名也。"这说的应该是藤蔓植物相思子，原产于印度，后传入华南，春夏间开蝶形的红花或紫花，卵形种子则一端为鲜红色，一端为黑色，光泽如漆，在印度至今还是做手镯等饰物的材料。古印度的梵医还用它制作春药、治疗咳嗽、促进头发生长，等等。

华南的这两种红色豆子估计在唐代最为流行，宋代以后华南和中原的关联日益紧密，红色豆子大量进入中原，人们也就不再引以为奇了。有趣的是，明末清初著名文人钱谦益八十寿辰前夕，也是他和红粉知己柳如是结缘二十年之际，他们在江苏常熟所居之处的红豆树突然开花——从热带移植的孔雀豆在江南不易开花，大概只有偶然天气很热的年份才会开花——让他们兴奋了一阵，写了好多诗纪念，并把居所改名红豆山庄。300年后，史学家陈寅恪也是因为抗战时期旅居昆明时偶然购得红豆山庄的一粒红豆，促发他后来写出一部《柳如是别传》。

仙人掌：

现代懒人美学

仙人掌以前在中国有好几个充满世俗味道的名字，"风尾笋""神仙掌""观音刺"，但是这些有着中国传统文化味的词汇并没有给我们以错觉，通过好莱坞的电影我们都知道仙人掌的老家在遥远的美洲，在 1496 年哥伦布发现新大陆之前，只有从加拿大到阿根廷上的狭长大陆长有这种有刺的东西。

仙人掌科植物（*Cactaceae*）是个大家族，种类至少在两千种以上，其中除了"丝苇属"（*Rhipsalis*）的竹节仙人掌（*Ripsalis baccifera*）以外，其他都是美洲原产的。而竹节仙人掌除了在南北美洲广泛生长以外，非洲的马达加斯加岛、亚洲的斯里兰卡等地也有野生的竹节仙人掌。对这个奇怪的现象有两种解释，一种推测是，候鸟把它们的种子从美洲带到了其他大洲；另外一种推测是 17 世纪大航海时代，经商和殖民的欧洲人将它们从南美洲带到了非洲和斯里兰卡。为什么他们要这么做？竹节仙人掌的叶片和白色的浆果跟当时欧洲人用来做圣诞装饰的植物"槲寄生"相似，所以有研究者猜测经过美洲时欧洲人顺便带它们到其他热带地方充作圣诞装饰，竹节仙人掌的英文俗称"槲寄生仙人掌"（Mistletoe Cactus）也是由此而来。

《缩刺团扇仙人掌》，
1874 年，
手绘图谱，
米尔桑（E. Mulsant），
韦罗（E. Verreaux）

GRYPUS ÆQUATORIALIS.

(Cactus Opuntia inermis.)

CULTIVATED FIELDS AND VILLAGES OF THE PIMO INDIANS.—p. 14. vol. ii.

西部探险者在记录巨人柱仙人掌下的西部印第安人村落和田地，
1854 年，*J.R.Bartlett*

仙人掌科的植物小者如纽扣，大者有十多米高的巨人柱仙人掌（*Carnegiea gigantea*）。整个仙人掌家族中，球形的种类占一半以上，这是长期适应干旱环境的结果，因为在体积相同的情况下，球状体表面积最小，蒸发量也最小。多数仙人掌类生长于沙土地上，但有几个热带种类长在大树或者岩壁上。

在戈壁上看到绿色的仙人掌，多少能带给人一点宽慰，这也是沙漠里最为醒目的植物，所以在印第安人的生活中仙人掌占有重要位置，一万年前他们就开始采集仙人掌的果实来吃。在阿兹特克人的神话里，他们的神祇威齐洛波契特里（意为来自南方的蜂鸟）带领部落寻找新家园，路途中看到一只鹰栖息在一株长满果实的仙人掌上，于是他们就停下在这里修建村镇，以此为中心建立起自己的家园，后来发展成今天的墨西哥城。这个故事后来曾出现在墨西哥的国徽上，而且出现了鹰叼着蛇伫立在仙人掌上的版本。

15 世纪欧洲人登陆美洲之后自然无法忽视醒目的仙人掌，他们在各种博物学著作中给予详尽的描述。不过到 1540 年才第一次有海员将南美洲加勒比岛屿上的仙人掌带入欧洲，1669 年传入日本。这以后欧洲园艺师将仙人掌由野生引种发展为人工栽培，改良成为特殊的观赏花卉。除了仙人掌的花，形状、颜色各不相同的刺丛与绒毛也受到许多观赏者的关注，尤其是一些具有鲜红、金黄的刺丛与雪白绒毛的品种。英国 1840 年出版的《植物学辞典》上记载的仙人掌栽培种已达 400 种。

18 世纪霸王树仙人掌作为庭院观赏植物被引入澳大利亚，特别是 19 世纪缩刺团扇仙人掌（*Opuntia stricta*）被当作篱笆引入澳洲后，由于当地环境与美洲中部相似，这两种仙人掌迅速扩张挤占牧场土地，1925 年的时候不得不从阿根廷引入专吃仙人掌的仙人掌螟蛾（*Cactoblastis cactorum*）来进行生态控制。仙人掌螟是带有黑色和黄色条纹的蛆虫，它会把大约 50 至 90 颗黏胶状的卵产在仙人掌的刺上，卵孵化后的幼虫会钻入肉掌或叶茎，从内部吞噬掉仙人掌。仙人掌螟在澳大利亚成功控制了缩刺团扇仙人掌的繁殖，之后，南非、圣赫勒拿岛、夏威夷等有同样遭遇的地区也纷纷跟进使用。

明末（1645 年）荷兰人把缩刺团扇仙人掌引入中国台湾，1702 年《岭南杂记》首次记载，很快就在华南归化，丛生于海岸岩石间，成为一种很难根除的多刺灌木。同属的梨果仙人掌（*O. ficus-indica*）于明万历年间（1573 ~ 1620 年）引入中国，在中国西南部 5 个省区归化，成为干热河谷中常见的生物群落。单刺仙人掌（*O. monacantha*）在明末学者刘文徵 1625 年的著作《滇志》中也有记载，可见当时云南已有引种，目前这种仙人掌在云南、广西、广东、海南、福建和台湾广有分布。由于气候适宜和没有天敌的干扰，这些仙人掌蔓延很快，甚至在西藏昌都也能看到仙人掌的踪迹。

在南方的一些省份，仙人掌最初被当作绿篱种植，也有人尝试开发这种植物的新功能，比如台湾南部海滨有很多缩刺团扇仙人掌——当地叫金武扇仙人掌，有人

《仙人掌群》，1931 年，迭戈·里维拉（Diego Rivera）

采集其果实做成果酱，冰凉后再加入碎冰做成仙人掌冰，是知名的地方风味饮品。四川大渡河一带称梨果仙人掌的果实为仙桃或刺梨，采来当作水果吃。甚至在中药中也有用到，清乾隆三十年（1765 年）赵学敏所著的《本草纲目拾遗》就说缩刺团扇仙人掌"味淡性寒"，可以"行气活血""清热解毒"。

仙人掌与中国传统的植物审美差别实在太大，清末、民国时都没有人给予欣赏和推崇。观赏仙人掌的风气是 20 世纪 90 年代以后才在内地兴起的，这是随着都市消费文化的多元化产生的新鲜事物，对很多繁忙的都市人来说，不需要经常浇水、病虫害较少的仙人掌是最好养的植物，是"懒人标配"。

植物学家说最原始的仙人掌类植物是有叶的，外形和常见的植物并没有太大的区别，可是慢慢地它们生长的地方变得越来越干旱，为了适应气候和地理的变化，多数品种扁平的叶子逐渐退化成圆筒状，进而退化成鳞片状，有的甚至完全消失。为了适应沙漠缺水的气候，多数种类的叶或消失或极度退化，从而减少水分散失的表面积，由茎代行光合作用，成为制造养分和贮藏养分的主要器官。茎的大部分由薄壁的贮藏细胞组成，细胞内含黏液性物质，可使植株避免水分流失。

仙人掌表面的那层蜡质可以减少水分蒸发，针状刺亦是能作阻止动物吞食的武器；茎演化为肥厚含水的形态。更重要的是它的根系越来越发达，有的种类根可伸展出去30米，根据蓄水的多少膨胀或收缩。在大雨的时候尽可能地吸收水分以备后用，而干旱时，它的根会枯萎、脱落以保证水分的供应。仙人掌类植物有一种特殊的本领，在干旱季节，它可以不吃不喝地进入休眠状态，把体内养料与水分的消耗降到最低程度。当雨季来临时，它们又非常敏感地"醒"过来，根系立刻活跃起来，大量吸收水分，使植株迅速生长并很快地开花结果。有些仙人掌类植物的根系变成胡萝卜状，可贮存七八十斤水分。

仙人掌也会开花结果，有的花色彩鲜丽，如长鞭状的"月夜皇后"开白色的大型花朵，直径达五六十厘米。"昙花一现"的昙花则是原产中、南美洲热带森林中的一种附生类的仙人掌类植物。著名的水果"火龙果"是一种雨林仙人掌的果实。在仙人掌分布最广的墨西哥，人们还把一些片状仙人掌的嫩茎当菜来吃，或腌制、酿酒或制成果干。有些柱状仙人掌的木质躯干一直被印第安人用作建筑材料、燃料，有些地方还在宅地旁边种一些棘刺浓密的仙人掌当作活篱笆。

所有仙人掌中最神秘的是乌羽玉（*Lophophora williamsii*），它看上去就像一个个压扁的圆球粘合在一起，有立体主义绘画的风格；它里面含有一种叫"苯乙胺"的生物碱，人服用后会产生幻觉，"看见"不可思议、色彩斑斓的图景。5500年前的印第安人就开始用到这种仙人掌的迷幻效果，当地人现在还认为这是一种"神圣的药"。在1880年至20世纪30年代，美国当局试图禁止美洲原住民用仙人掌这类致幻剂举行宗教祭祀，但是现在政府已经允许部落在祭祀仪式中使用这种仙人掌。

20世纪50年代，有人把乌羽玉晒干、碾碎，像烟丝那样卷起来抽。当时被称为"垮掉的一代"的作家中流行吸食"苯乙胺"等致幻剂。当难以弄到化学试剂时，他们就点燃"乌羽玉碎末"吞云吐雾，1953年赫胥黎（Aldous Huxley）在《知觉之门》里描述他服用苯乙胺的体会，金斯堡写《嚎叫》的那个调调和他1954年在旧金山的公寓吸食乌羽玉碎末的体验有关。而大门乐队的主唱莫里森（Jim Morrison）也喜欢这玩意，曾和乐队去"死亡谷"体验吸食仙人掌，还用赫胥黎的小说把自己的乐队命名为"门"。巴勒斯（William S. Burroughs）在半自传体小说《酷儿》中也写过主人公在丛林中寻找迷幻药物的经历，不过他本人长期吸食的主要是鸦片。

尽管在20世纪60年代的嬉皮士运动中仙人掌并不像大麻、LSD那样流行，但是总体而言印第安的传统宗教、迷幻剂和来自中国、日本的禅宗思想，以及印度的瑜伽、大麻等充满异族情调的东西给从美国主流文化叛离的青年一代提供了新的精神寄托。

《乌羽玉》（局部），1922年，手绘图谱，伊顿（M.E. Eaton）

玫瑰和月季：

过火的情爱

　　"玫瑰花"在最近二十几年随着爱情小说、影视剧之类大众媒介和商业推广的深入人心，已经成了中国城市人心目中的爱情之花。在一百年前，中国和爱情有关的花木是香草、红豆、莲子、并蒂莲乃至任何树木的连理枝，后者暗示的是双方的共处——常常指向夫妻的举案齐眉；而玫瑰这种饱和的色彩代表更倾向取悦对方，更注重爱的展露、激情。

　　二十几年前还没谁觉得玫瑰代表爱情，"情人节"还仅仅是报刊书本上的"外国习俗"，更不要说在那天遭遇卖花女孩的骚扰。但 1992 年以后情人节在大城市越来越流行，并随着大众传媒波及全国，堆积的大量玫瑰花让这个节日变得太过商业化。我唯一印象深刻的玫瑰花是在西班牙山城昆卡的教堂里看到的，在耶稣受难的塑像下有人敬献了一枝玫瑰，这朵快干枯的玫瑰让我想起看过的宗教绘画里耶稣滴出的血化生的那些花卉。

　　料想不到的是，玫瑰这种今天看来如此"西方式"的花木，血亲之一却是包括中国在内的亚洲东部和中部的花木，它在过去两百年混合了中国人称为月季的花的血统，20 世纪又以洋派的姿态登陆上海、北京、广州，造成新的潮流。

《中国月季》，
1833 年，
手绘图谱，
雷杜德

Rosa Indica　　　*Grande Indienne*

让这个问题变得复杂的很大原因是翻译问题，对欧美人来说，中国人所谓的"玫瑰"和"月季""蔷薇"一样都属于蔷薇科蔷薇属，蔷薇属下的250多个品种在国外都被统称为"Rose"——近代以来中文翻译成"玫瑰"。可在中国的古书里乃至现在都还有很多人习惯性地把每年能多次开花、花朵大、叶泛亮光、枝粗刺少、单生的品种称为月季；花朵最小、丛生的称为蔷薇；花朵居中的、叶无亮光、叶多刺多、能散发香味提炼香精的称为"玫瑰"。也许最重要的区别是，中国古人说的玫瑰每年只开一次花。

中国人最早认识的野生蔷薇原产于东北亚海滨地区，人工栽培的历史可以追溯到唐朝，那时候已经成规模种植在庭院中，算是常见花木。其中一种每年能多次开花的种类后来就被叫作"月季"，别名月月红、长春花、四季花。可是蔷薇、月季从没有像牡丹花那样激起中原王朝权贵的热爱，所以从唐宋到明代并没有出现多少新品种，到清代才有人培育搜集几十种花色、品种，写出一本专门的《月季花谱》来。

用"玫瑰"称呼花卉要晚一些。"玫瑰"这个词最早出现在司马相如的《子虚赋》："其石则赤玉玫瑰。"指的是带红色的彩色玉石。大概唐宋以后开始区分月季、蔷薇和玫瑰花，比如杨万里的诗就写道："非关月季姓名同，不与蔷薇谱牒通。接叶连枝千万绿，一花两色浅深红。"认为这主要指一种比月季花小一点的、红艳而带有香味的花。它茎杆上密布着小小的刺，要摘一朵"带刺玫瑰"得小心翼翼才成，古人形象地喻之为"豪者""刺客"。

在中国，玫瑰和月季、蔷薇一样，这种好养的植物不像荷花、竹子被赋予那么多象征含义。除了在花园里欣赏，还有很实际的用处。唐代人用玫瑰花朵来制作香袋、香囊，后来明朝的人还用来制酱、酿酒、泡茶和制作小吃，北京老牌的糕点店稻香村现在还卖南玫瑰饼，是用鲜玫瑰花、白糖、香油、红丝、桃仁等制成，清爽可口。

但是当20世纪初欧美的一些蔷薇属的"现代月季"引进中国并被翻译成"玫瑰"以后，中国传统的"玫瑰花"和"月季"之分开始失效，民间逐渐把常见的花

《花荫双鹤图》，清代，绢本设色，郎世宁，台北故宫博物院藏

《埃拉加巴卢斯的玫瑰花季》，1888 年，油画，
劳伦斯·阿尔玛-塔德玛（*Lawrence Alma-Tadema*），西蒙基金会藏

　　传说古罗马暴君埃拉加巴卢斯（Elagabalus）曾在大摆筵席时让数吨玫瑰花瓣突然从天而降，将宾客们淹没其中。这位古罗马皇帝原名瓦里乌斯·阿维图斯·巴西亚努斯，因曾在太阳神庙当祭司而改用现名。画中他位于画面的中央，仿佛染上了 19 世纪流行的"倦怠症"一样倚在躺椅上，与坐在旁边的母亲和宠臣一起看着被花瓣雨埋没的与会宾客。玫瑰在古代既是帝王尊贵的象征，也是画家十分钟爱的主题，同时，在 19 世纪的欧洲文艺界，玫瑰也略带颓废的意味。

朵大、颜色浓艳的那种花都叫玫瑰了。其实，街头花店中出售的所谓"玫瑰"几乎都是植物分类学上定义的"现代月季"。

　　五千多年前玫瑰就种植在美索不达米亚国王的花园里，公元前 5 世纪古埃及壁画上也有玫瑰图案。荷马在他的史诗中赞颂过玫瑰，在米诺斯考古遗址挖掘出来的壁画上也刻画有来自埃及或马其顿的一种玫瑰花，当时从玫瑰花里提取的玫瑰油只有贵族和祭师使用。后来希腊的第四大岛罗德岛（Rhodes）就因为遍布玫瑰而得名，逐渐演变出今天称呼玫瑰的"rose"这个词，但在当时玫瑰似乎主要是一种提取玫瑰油的经济作物而不是种在花园中欣赏的。

也许是埃及女王克娄巴特拉带动了罗马贵族对玫瑰的钟爱，她曾经让人在罗马首领安东尼走来的路上洒满玫瑰花瓣，之后玫瑰花曾在罗马风行好几个世纪，每年5月还有玫瑰节，贵族纷纷用玫瑰和紫罗兰装饰宴席乃至浴池，有一次暴君尼禄在宴会上从天花板上撒下的玫瑰花瓣之多竟然导致几个赴宴的人被埋在花堆中窒息身亡。权贵的爱好也催生了四处搜集花朵的商人乃至专门的玫瑰交易所。

罗马贵族的骄奢淫逸影响了公元初基督教会对玫瑰花的看法，他们一度认为玫瑰是一种诱发堕落的色情之花——可见当时他们对希腊、罗马神话以及相关的民俗是反对的，属于革新派——并禁止基督徒用玫瑰做装饰。直到公元4世纪初在圣母玛利亚崇拜兴起的时候才有所改变，因为有教士把玫瑰花与圣母结合在一起，用玫瑰象征圣母的纯洁。后来一些隐修教士还把150篇圣咏里的《圣母圣咏》称为《玫瑰经》（Rosarium），意思是说这一系列咏歌如同献给圣母的一束玫瑰花。这时候也开始流行一种传说，说耶稣被钉在十字架上时，流出的鲜血滴在泥土中的苔藓上，随后从中神奇地长出玫瑰花，提醒人们这是救世主为人间罪孽而流下的鲜血。

既然玫瑰已经成为象征基督受难的天国之花，中世纪十字军东征途中也就顺便把一些西亚的玫瑰花品种带回到欧洲种植。很多修道院、贵族也开始把玫瑰作为族徽、标志来使用，这里面最著名的是英国历史上有名的"玫瑰战争"（1455～1485年）：以红玫瑰为族徽的兰开斯特家族和以白玫瑰为族徽的约克家族为了争夺英格兰王位先后发生两次大战和断断续续的很多小冲突，战争最后以通婚谈和收场，皇室徽章也顺理成章改为了红白玫瑰。不过同时代的人并没有把这次王位争夺战称为玫瑰战争，是戏剧家莎士比亚在16世纪演绎历史剧《亨利六世》中以两朵玫瑰喻指上述战事后，这一称呼才开始流行的。拿破仑的皇后约瑟芬也是个狂热的玫瑰爱好者，据说她的花园里种有2562种不同的玫瑰花，这种爱好从法国蔓延到英伦三岛，遍及整个西欧。

和玫瑰有关的2月14日情人节是非常晚起的习俗，虽然它的历史可以追溯到古

《波斯诗人萨迪在蔷薇园》，1645 年，插画

代罗马人的牧神节，那时候罗马人在每年 2 月 15 日会狂欢作乐甚至野合来庆祝牧神的节日，这似乎与中国春秋时男女可以自由来往的特殊祭祀日一样。到公元 496 年，教皇圣基拉西乌斯一世宣布废除罗马人传统的牧神节，把 2 月 14 日定为圣瓦伦丁节——传说罗马皇帝克劳狄二世为了征兵严禁年轻男子结婚，但有个叫瓦伦丁的基督教教士违反皇帝的命令继续给年轻男女主持婚礼，因此在公元 269 年 2 月 14 日遭到处决，后被教会奉为圣人。但在另一种传说里，他是因为帮助受迫害的基督徒而被人用棍棒打死的。

很长一段时间人们没有特别在意圣瓦伦丁节，也没有和爱情联系起来，14 世纪以后才有人开始将其作为节日，并逐渐和玫瑰花联系起来。我猜这应该是 15 世纪文艺复兴以后欧洲人重新发掘古希腊、古罗马文化以后才想起用红玫瑰象征爱情，并随着 20 世纪的大众传媒传播到世界各地。就全世界来说，现在情人节可能是仅次于圣诞节的流行节日。

2 月 14 日在欧洲也并不是人人认可的情人节。比如我在西班牙看到巴塞罗那的加泰隆尼亚人把 4 月 23 日的圣乔治节（Sant Jordi）当成情人节。传说圣乔治是从恶龙嘴下解救出基督徒的骑士，后来成为加泰隆尼亚地区的守护神，他的忌日就成为圣乔治节。从 15 世纪开始，男子们要在这一天给去圣乔治教堂做弥撒的女士们献上玫瑰花，此后渐渐发展成加泰隆尼亚地区的情人节，同期也会举办盛大的玫瑰花市集——现在是著名的旅游项目了。

欧洲各国花园中原来只有红蔷薇（*Rosa gallica*）、大马士革蔷薇（*R. × damascens*）和千叶蔷薇（*R. × centzfolia*），多是一年开一次花、不耐寒、花色单调。地理大发现以后东方的蔷薇属花木开始加速进入欧洲的园林里，所谓日本蔷薇（Japanese rose）就是早期的欧洲贸易商人在 1796 年把生长在日本海岛的一种蔷薇带到欧洲种植，以后又随着欧洲殖民者到美国落地生根。欧洲人在 1789 年把中国人培植的香水月季、中国朱红月季、中国粉月季、中国黄月季等多个品种经印度带到英国，被称为"中国玫瑰"。爱尔兰植物学家兼汉学家韩尔礼于 1885 年在中国华中发现的四季开花的月季，和英国植物学家科利特于 1888 年在缅甸发现的大花香水月季（*R. odorata* var. *gigantea*，此后也在中国的云南被发现），此后都被引入欧洲。英国人、法国人拿引进品种和他们已有的各种玫瑰杂交，弄出各种鼓胀的花骨朵来，然后传播到世界其他地方。现在全世界有两万多个园艺玫瑰品种，最常见的"杂交玫瑰"（在中国亦称现代月季或现代蔷薇）是两百年来由许多个蔷薇属物种杂交育种所诞生的，是花木产业开发的重点之一。玫瑰最初以紫色和白色为主，五六月间开放，后来园艺学家培育出更多的颜色，如白玫瑰、黑玫瑰，并突出四季开花、枝条向上生长与花序突出等为人期待的特性。

玫瑰花也可以制作香精，法国大革命爆发前法国人就开始蒸馏玫瑰来萃取玫瑰纯露来制作香水，精油反而是副产品。事实上，很多原始"香味玫瑰"的历史都可以追踪到东方世界，比如红玫瑰原产于高加索，因为受法国人的钟爱而有"法国玫瑰"之称，原产波斯的千叶玫瑰的别名是"普罗斯旺玫瑰"（Provence rose），只有大马士革玫瑰的名称中还保留了自己的东方身份，它是著名的用于蒸馏精油的玫瑰。

中世纪的人很少洗澡，巴黎这样的大都市比今天人们能想象的还要污浊，人人都有严重的体味，所以对香水的需求非常大，这也是包括玫瑰在内的花朵们被用于萃取香精，制作香水、香囊的最大驱动力。而现在天天洗澡的都市人还继续用香水，则更多是因为香水商们进行商业宣扬的功劳：洒点香水，买束玫瑰，这是标准时尚教科书培训出来的恋爱方法。

在 20 世纪 30 年代的东方摩登都市上海，浓艳的紫红色玫瑰被称为"洋月季"，是引进的欧洲杂交新品种，它的象征意义和情人节这种习俗一起传扬开来，成为时髦的象征。作曲家陈歌辛——他本人的爱情的确非常浪漫——在 1935 年创作出《玫瑰玫瑰我爱你》这首曲子，后来不仅走红上海滩的歌厅，还在二战后飘到美国，有了爵士乐演绎的版本，现在很多人还以为这是美国原创的歌曲呢。

《白蔷薇》，南宋，绢本设色，马远，北京故宫博物院藏

　　当时在上海滩走红的作家张爱玲也写过有关玫瑰的小说《红玫瑰与白玫瑰》，不过这位挑剔的作家对爱情的体验可能没有作曲家那样乐观，在她眼里红玫瑰有点尘俗，所以还要有白玫瑰、黄玫瑰之类少见的品类来呈现日常生活中清逸的一面。

就像法国学者让·鲍德里亚所说，现代社会中的消费者更大程度上买的是商品代表的意义及意义的差异，而不是具体的物的功用。通过情人节这个洋节带来的"时尚仪式"让花木的意义转化成新的价值，"玫瑰"就这样和"月季"这个本土名字区隔开来，成为都会时髦群体共同追求的新符号，以后又慢慢通过报刊电视向更大层面传播开来。可当玫瑰花成为大路货，特定的群体又会去寻找其他的象征物品作为标记来代表自己，比如后来小资爱说的郁金香、薰衣草一类。

实际上几乎所有的玫瑰花在生物学意义上来说都不算娇贵，对生长条件的要求十分低，耐贫瘠、耐寒、抗旱、适应性强，能在干燥的土地上顽强生长，所以在世界各地都有种植。

1868 年孟德尔发现遗传规律以及欧洲的系统性植物学研究带来了花木育种的革命，欧、美、日后来居上，培育出远远超过之前两千年总和的新花卉品种，中国、中亚、西亚等国家和地区的十多种蔷薇属陆续外传以后就出现了上千种新的"玫瑰"品种。现在国内种的一些玫瑰、月季、蔷薇等都是近代以来从国外传入的杂交品种。

近年来传统园艺学家的风头几乎让基因工程研究者抢走了。1983 年首例转基因植物问世后，科学家主要把这项高科技用在粮食、蔬菜和水果的改良上，但也不断有人在尝试用基因工程育种——不经过有性过程，而是克隆含有某些特殊性状的外源基因，运用生物、物理和化学等方法把这种克隆基因导入某一花木的细胞，培养出具有特殊花色、形状和抗病能力的转基因花卉。比如日本和美国分别有科学家开发出蓝色玫瑰——自然界中只有极少数花是蓝色的，那是因为蓝色花朵细胞里含有较多蓝色翠雀素。日本的生物化学家把从其他花卉中克隆出的一种酶基因注入玫瑰花的细胞里，让它可以合成比较多的蓝色翠雀素，于是就开出蓝色的玫瑰花了；而美国范德比尔特大学的两位科学家是在实验中发现肝酶侵入细菌的时候能让整个细菌发蓝，于是他们就把肝酶转入玫瑰的细胞里，结果花朵也变成蓝色了。

桂花和肉桂：

月亮和口味

我在南京灵谷寺看见过大片的桂花树。本来我是去看不用寸木寸丁的无梁殿和真假莫辨的"三绝碑"的，可是在细雨中先闻到空气中弥漫着清淡的香气，走了好一会儿才注意到山边的桂树林，要是不留意的话几乎辨别不出簇生于枝条上的那些小小花朵，捡起地上的落花观察：四个瓣的，淡黄色，往往几朵组成一簇。桂花开花时芬芳扑鼻，在轻风的吹拂下可以传得很远，所以又叫"七里香""九里香"。

灵谷寺紧靠国民革命军阵亡将士公墓，民国时期种了几千株桂树，好多都有八九米高，中秋桂花开时三五朵簇生在叶腋下。桂花树林中还有当年国民政府主席林森居住的"桂林石屋"的残迹，这座建筑竣工后仅存在了三年多的时间就在 1937 年被日军炸毁，只剩下回廊里青石雕琢的栏杆的残迹。

桂花（*Osmanthus fragrans*）是木犀科植物，原产于喜马拉雅山两侧到东亚一带，现广泛栽种于中国长江流域，是江浙山野的常见树木。因其叶脉形如圭而称为"桂"，因其材质致密，灰褐纹理与犀角的相似，也有"木犀"之名，又因野生于山岩岭间而称为"岩桂"。按照花色和开花习惯的不同，又可分为花色金黄的金桂，白

《桂花树》，
1799 年，
手绘图谱，
米勒（*J. Miller*）

J. Miller del: et fe:

色的银桂，红色的丹桂。

虽然战国时候已经有文献提到一种叫"桂"的植物，但并非桂花树，而是指华南的肉桂（*Cinnamomum cassia*，中国肉桂），它是樟科植物，在 6 月开花，花瓣六片，而不是我在南京看到的四瓣的木犀科桂花树。《山海经》里说"招摇之山多桂"，稍后的《吕氏春秋》称赞"物之美者，招摇之桂"，说招摇山的桂树是美好的东西，在重视祭祀的春秋战国时期，这应该是指可以做香料用的肉桂。西周的时候人们就开始用肉桂皮、姜、盐腌制腊肉，用于献祭和食用。至于屈原《九歌》中的"援北斗兮酌桂浆，辛夷车兮结桂旗"，说的是把肉桂皮切碎放在酒里调味，也用香草、香料来装饰车子的旗帜。

魏晋的《西京杂记》记载："汉武帝初修上林苑，群臣所献奇花异木两千余种，其中有掏桂十株。"司马相如《上林赋》中也有"桂蒌木兰"之赋句。可见，在西汉时期肉桂就被引种到帝王宫苑，至于种后的成活率我想并不会太高。汉武帝如此热心引种肉桂树，应该和他晚年崇信方术之士有关。西汉时的方士视肉桂树为神仙之树，如西汉刘安《淮南子》一书中有"月中有桂树"之说。方士公孙卿忽悠汉武帝说仙人来的时候行迹飘忽，要修建宾馆引他们下凡，于是汉武帝下令在皇宫修建了桂馆、桂台，更在昆明池中的小洲上用桂木为柱筑了一座水上宫室灵波殿，供方士在其中举行仪式迎候神仙。神仙没来，倒是风吹过的时候这座建筑会散发出芳香。东汉的时候神仙家还说以桂为食能够轻身飞升，刘向《列仙传》提到过传说中的象林人"桂父"吃桂子成仙的故事。

真正让"桂"的指向发生重大变化是在魏晋南北朝时期，东晋以后道教、佛教兴盛，躲到江南的文人士大夫身居闹市而又迷恋自然山水，这时期在江南山野里冬夏常青的桂花树就成为南方士人庄园造景的用材，左思在《吴都赋》里也写到了江南"丹桂灌丛"的情形。

因为桂花在中秋节前后开放，随着神话传说的不断演化，桂花树又和月亮联系起来，升格为一株长在月中的长生不老的仙树。据说南朝陈后主为爱妃张丽华修造的桂宫就是模仿月中场景："庭中空洞无他物，惟植一株桂树，树下置药杵臼，使丽华恒驯一白兔，时独步于中，谓之月宫。"可以说是最早的超现实角色扮演游戏了。唐代人段成式在《酉阳杂俎》中说："旧言月中有桂，有蟾蜍。故异书言月桂高五百丈，下有一人常斫之，树创随合。人姓吴名刚，西河人，学仙有过，谪令伐树。"这说明在唐代以前吴刚伐桂之类的故事就在民间流传开来了。

唐代人还演绎出更多的故事，比如"月中落桂"的传说纷纷出现，古人把此事视为祥瑞而载于正史。其中最有名的是杭州灵隐寺"桂子月中落，天香云外飘"的故事，当时人以为灵隐山的桂花树都是从月里落下的种子长出来的。古人把桂花种子看得如此稀奇，是因为桂花树雌雄异株，雌株上结种，可人们爱栽培更为高大的雄株，所以不常见到一粒粒紫黑色的桂花种子。

桂与科举的联系则最早来自于西晋的读书人郤诜说的"犹桂林之一枝，昆山之片玉"，自谦只是广寒宫中的一枝桂、昆仑山上的一片玉，也就是众多人才里的一个。古代乡试、会试一般在农历八月举行，时值桂花盛开季节，唐代以来的文人遂以"折桂"喻"登科及第"，登科及第者为"桂客""桂枝郎"，科举考场则美称"桂苑"。

凡是和桂花联系在一起的似乎都是好东西，桂堂泛指华美的堂屋，桂殿泛指华丽的宫殿，子孙仕途昌达、尊荣显贵为"兰桂齐芳"。就算抛开这些富贵发达的寓意，文人们也喜欢称赞桂树独立山崖、如同兰花一样孤芳自赏的姿态。

在上述两种思路之外，唐代诗人王维写出了古代中国最独特的有关花木的诗歌，如《鸟鸣涧》：

> 人闲桂花落，夜静春山空。
>
> 月出惊山鸟，时鸣春涧中。

王维既没有赞叹春光也没有惋惜落花，没有用花去比喻人类的德性，仅仅是写花落月升，鸟鸣人闲，诗人甚至连"采菊东篱下，悠然见南山"那样一份乐天知命的主动性也没有，好像只是个平静的水面映出这个画面而已。如同海明威的小说，这首诗很少使用形容词，是用动词、名词来呈现所见所闻。

王维这些空灵的诗歌和禅宗思想相契合。实际上王维仰慕维摩诘居士，终身奉佛，与禅宗、华严宗、净土宗各派僧人都有交往，他的母亲也师事大照禅师——禅宗北宗大师神秀的徒弟普寂——三十余年。禅宗强调破除"我执"，以"无住为本"，也就是对一切境遇不生忧乐悲喜之情，不粘不着，亦空亦有，所以花开花落并没有让诗人有悲喜的感慨。整个世界万象生灭相续、无始无终地演化着，物即是我，我即是物，相忘无言。

与王维静观自然的隐遁哲思相反，更多的世俗众人看中桂花和神仙、科举这些好事的关联，喜欢在庭院、书院、文庙、贡院以及寺庙种植桂花树，取"双桂当庭""两桂流芳"之寓意。中唐时期当宰相的李德裕在洛阳的平泉山居里移植过"剡溪之红桂，钟山之月桂，曲阿之山桂，永嘉之紫桂，剡中之真红桂"。桂花树也在江南园林里占有一席之地，比如苏州留园"闻木犀香轩"有几丛岩桂，轩侧的对联上写得明白："奇石尽含千古秀，桂花香动万山秋。"沧浪亭的"清香馆"取唐代诗人李商隐"殷勤莫使清香远，牢合金鱼锁桂丛"诗句，院内有清代人种下的桂花。网师园"小山丛桂轩"对面的山上种植丛桂，取庾信《枯树赋》之"小山则丛桂留人"句意。也是在江南，对桂花的利用最多，比如有桂花糕、桂花糖、桂花汤圆、桂花酿、桂花鸭，等等。

中国的桂花树于1771年经广州、印度传入英国，此后在英国迅速发展。现今许多欧美国家以及东南亚各国均有栽培，以地中海沿岸生长最好。

《月桂》，
1832 年，
手绘图谱

月桂：阿波罗的圣树

　　既然桂树和月亮有如此紧密的关系，诗文中也常常用"月桂"这个美称来指桂花树，所以这在现在就造成了新的困扰——因为 20 世纪民国人士也把海外传来的几种樟科植物叫作"月桂"。这些近代才从海外引入的樟科月桂和清代以前中国诗人们歌颂的桂花树——木犀科木犀属常绿阔叶乔木——从植物分类学上来说没多大关联，只是都长得高大直挺，花也是黄色的，也有香味，所以近代人就用"桂"来命名了。可是它长矛状的长叶和桂花树明显不同，而且开花是在 4 月，枝、叶、花都有香气，和农历八月开花的木犀属桂花不同。

樟科的"月桂"包括好几个属的不同品种，比如叶子可以做调料的甜月桂 (*Laurus nobilis*)、供观赏的加州月桂 (*Umbellularia californica*) 和可以提取香精的香水月桂 (*Pimenta racemosa*)，其中名声最大的就是原产于地中海北岸的甜月桂，叶子可以做香料，通常说的月桂都是指它。对古希腊人来说这是种常见的树木，他们认为这是阿波罗赐予神力的植物，可以抵抗巫术和闪电，所以他们将月桂树叶编的帽子授予竞技的优胜者，这就是"桂冠"的来历，以后成为胜利的代名词了。

古希腊神话中说太阳神阿波罗爱上了河神的女儿黛芙妮 (Daphne)，可是风姿绰约的黛芙妮不为所动，一见阿波罗拔腿就跑，心急火燎的阿波罗在后边穷追不舍，情急之下黛芙妮就请父亲把她变成一株月桂树。这让阿波罗徒然感伤，他决意："愿你的枝叶四季常青，装饰我的头，装饰我的琴，让你成为最高荣誉的象征。"这方面最著名的雕塑是出自 17 世纪的雕塑大师洛仑佐·贝尼尼（Gian Lorenzo Bernini）之手的《阿波罗与黛芙妮》。

另外一个版本的说法是阿波罗杀死了为害德尔斐的恶龙后，戴着用月桂树枝叶做的荣冠以征服者的身份进入德尔斐城，所以月桂树成了尊敬、胜利、声誉的象征。开始希腊人用月桂枝叶编成冠冕，授予在为祭祀太阳神而举办的赛跑中获胜的人，后来在希腊各城邦举行的奥林匹亚竞技中，胜利的人也会得到用月桂树叶编成的"桂冠"。

无论如何，古希腊、罗马人雕塑的阿波罗塑像往往在头发、琴和箭袋上饰以月桂的枝叶。在供奉太阳神阿波罗的圣地德尔斐的巨大神庙里，女祭司会口嚼月桂树叶，手摇月桂树枝，在阿波罗金制塑像前进行祈祷，在逐渐进入半昏迷状态时说出一些模棱两可的语句，即称神谕，这在古希腊人的宗教、经济与政治中都产生过重

《桂花月兔图》，清代，纸本设色，李世倬，北京故宫博物院藏

《阿波罗与黛芙妮》扇面，1730～1760年，意大利佚名艺术家

大影响。后至罗马统治希腊时期，这种求神问卜之事逐渐减少，到公元390年，信奉基督教的狄奥多西一世封闭了神庙，此后德尔斐沦为一片废墟。

英国人所说的"桂冠诗人"，也是由古希腊典故衍生出来的。"桂冠诗人"始于1616年，当时国王詹姆斯一世授予诗人本·琼森一笔薪俸，琼森则为国王写一些应景诗歌，就像当年唐玄宗御前的李白一样。1668年"桂冠诗人"正式成为皇家所属的职位，此后英国名士乔叟、丁尼生、休斯都曾担任过这一职位，在1820年之前桂冠诗人的主要任务是在御前为国王祝贺新年及生日颂诗，但 1843 年维多利亚女王任命华兹华斯为桂冠诗人后，废除了这些任务，桂冠诗人逐渐成为一种荣誉性的奖赏，而不再担任特定的任务。

作为亚热带树种，月桂传入中国以后在长江流域以南的江苏、浙江、台湾、福建等省都有所种植。

肉桂：作为香料

樟科下面有好几种"桂"都容易和桂花树混淆。开头我已经说到魏晋之前中国人提到的"桂"大多是现代植物学定义的"中国肉桂"，在古代也简称"桂"或者叫牡桂、玉桂、椒桂。这种树在古代有"百药之长"的说法，夏季开小白花，树皮叫桂皮，嫩枝叫桂枝，都是常见的药材。

取"中国肉桂"这个名字是为了和原产于斯里兰卡的锡兰肉桂（*C. zeylanicum*）、原产于印度北部的柴桂（*C. tamala*）、越南的西贡肉桂、印度尼西亚的肉桂区别。锡兰肉桂比中国肉桂的味道甘甜，晒干以后能看出一层层薄层，容易研磨成粉末，而中国肉桂要坚硬一些，常常出售成块的桂皮，味道也更辛辣。南欧人对锡兰肉桂的喜爱胜过中国的桂皮，北美的人一般不会区别中国肉桂或者锡兰肉桂，因为他们都是买磨成粉末的肉桂粉做菜。

中国肉桂原产于华南和东南亚，有据可查的历史至少可以追溯到战国时代。《山海经》里说广西一带多肉桂，后来秦始皇时把广西叫作桂林郡，就是从桂树成林引申出来的，从桂林至梧州与西江汇合之水也称桂江。至今桂林附近地区还以出产肉桂出名，"八桂""桂海"也是古人对广西的雅称。晋代《南方草木状》专门提到汉代曾在越南北部交趾"置桂园"，这绝不会是为了赏花，而是因为肉桂可以出产那带有香味的树皮。这不仅为中原的权贵所喜爱，而且早在汉代就成为出口的商品

《锡兰肉桂》，
1847年，
手绘图谱，
卡森（J.Carson），
科伦（J.H. Colen）

CINNAMOMUM ZEYLANICUM.

了。人们把肉桂树上的皮和枝条剥取下来，去除外层的软木质并晾干，卷曲成卷，然后带到各地出售。

中国人在魏晋以前主要是把肉桂的皮、叶当作药物，而不是做菜的调料。原产印度、东南亚的一些味道温和甘甜的肉桂品种——如天竺桂——大概是在唐代引入东南沿海的，唐代人或许是从波斯人、阿拉伯人那里学会使用天竺桂、阴香来调味，不过中原人对这种过于浓郁的味道并不是很喜欢，没有葱、蒜、生姜用途那么广泛。现在，它也仅仅是"五香粉"里的一种而已，或在炖肉的时候才用得上。

欧洲人说的肉桂一般指锡兰肉桂，《圣经·旧约》里提到过这种香料，这是种只有君主才能享受的珍贵东西，古希腊人在寺庙中焚烧甘甜且略带刺激味道的肉桂皮用于祭祀，一直到罗马帝国时代它还异常昂贵。据说公元65年暴君尼禄曾在妻子的葬礼上焚烧了全罗马的肉桂皮来表示追思之意。罗马人还用肉桂、柴桂的叶子调酒、烹调，当时1罗马磅（327g）肉桂价值300第纳尔，等于一个工匠10个月的工资，所以罗马人大量的金钱都流向东方购买这类奢侈品。

在古代，几种产地不同的肉桂常常混杂在一起，比如商人常用原产于印度北部的柴桂和中国肉桂冒充锡兰肉桂。中世纪的贸易商编撰各种故事来隐藏其真正的来源，比如有人说它来自波斯，也有人说是从尼罗河里用渔网打捞上来的，还有人说是一种巨大的怪鸟从神秘的地方衔来筑巢的东西。13世纪以后欧洲人才知道是斯里兰卡出产的。实际上中国肉桂和斯里兰卡肉桂是有一定差别的，埃及本身也不出产肉桂，但亚历山大港曾经是中世纪重要的肉桂贸易中转港。

就像中医认为肉桂性热，有壮阳功效，中世纪的欧洲草药师也有类似的认识。而现在，肉桂叶还经常出现在南欧和中欧许多地区的风味炖汤里，是一种常用的调料。

当时阿拉伯商人和威尼斯人垄断欧洲的香料贸易，而奥斯曼帝国也阻断了一些贸易路线，所以后来西欧国家尝试避开传统的丝绸之路和威尼斯的垄断，寻找通往满是香料和黄金的亚洲的其他路线。16世纪以后葡萄牙人、荷兰人先后垄断香料贸易，后来英国人布朗勋爵于1767年在印度喀拉拉邦大规模引种肉桂，逐渐打破了锡兰对肉桂的垄断。但那时候咖啡、茶、糖和巧克力这些大众饮料、零食在欧洲人日常生活中占据的位置越来越重要，香料的重要性相对下降了很多，也就不成为贸易的重点了。

现在西餐里用肉桂来做汤，也用在苹果派、甜甜圈之类的甜品中；而在印度、中东则用来烹饪鸡和羊肉。我在印度旅行时曾在餐馆里吃过不少，至今还对那里飘散的咖喱、肉桂混合的味道记忆犹新。不过现在吃肉桂最厉害的是墨西哥人，他们爱吃一切辛辣的东西，因此墨西哥当然也是肉桂的主要进口国。

荷花与睡莲：

出世和入世

我小时最爱的一个凉菜就是用一点油、一点醋拌的莲藕，切成薄片的藕上有许多大小不一的孔，这是荷花为适应水下生活形成的气腔。实际上，这些孔在荷花的叶柄、花梗里同样可以见到，这可以方便它获得氧气。而那些白色藕丝则是藕上负责传输水分的导管四壁上的黏液状木质纤维素，可以防止水分流失，它具有一定的弹性，所以当折断拉长时就成为一条条的细丝。

在水中摇荡的荷花（*Nelumbo nucifera*）看上去是种脆弱的植物，但在生物演化史上荷花是顽强的，远在人类出现以前的一亿零四千五百年前，在地球上遍布海洋、湖泊和沼泽的氤氲环境中，荷花就在北半球，也就是今天亚洲热带的印度、中国和东南亚的河流和沼泽湖泊中伸出绿色的伞盖。

七千年前浙江余姚河姆渡部落的原始人到处采集野果充饥，"荷花"——当然，那时候还没有这个名字——结出来的莲子、藕也许在那时候就已成为他们的食品，因为最初的人类主要居住在靠近水源的河边湖畔，这也是野生荷花最喜欢生长的地方。在河南省郑州市北部大河村发掘出来的"仰韶文化"房基遗址里就发现过两粒已经炭化的莲子，说明在五千年前古人就开始食用它们。

《荷花》，1807年，手绘图谱，桑顿（R.J. Thornton）

The Sacred Egyptian Bean

London. Published Dec.1.1804. by D.r Thornton

西周人们已经开始吃藕了，"荷花"这个名字大概也在那时候形成。春秋时期编纂的《诗经》中写道："山有扶苏，隰有荷花。"《离骚》中有："芙蓉始发，杂芰荷些，紫茎屏风，文缘波些。"这时人们已经开始欣赏她的幽雅姿容了。传说公元前473年，吴王夫差在现在苏州灵岩山的脚下为西施修建过赏荷的"玩花池"，这是荷花作为观赏植物引种至园池栽植的最早记载。荷花清秀、妩媚，也能结出很多莲子，因此在很早的时候大概就具有美丽、生殖的象征意义了。北京故宫博物院珍藏的春秋时期出土的青铜器"莲鹤方壶"上莲花花纹和飞龙、仙鹤结合在一起，是吉祥圣洁的象征。

之后，人们对荷花的了解越来越详细，中国最早的字典——汉初时的《尔雅》中说："荷，芙蕖；其茎茄，其叶蕸，其本蔤，其华菡萏，其实莲，其根藕，其中的，的中薏。"意思是说荷花就是芙蕖，它的茎称作"茄"，叶称作"蕸"，根称作"蔤"，花称作"菡萏"，果实称作"莲"，根称作"藕"，种子称作"的"，种子的中心称作"薏"。"蔤"和"藕"都是荷花的地下茎：蔤是地下茎生长的前期，较为纤细；藕为地下茎生长后期，五六月的时候人们挖出来当菜吃。

在古代已开的荷花称"芙蕖"，未开的花称"菡萏"，至于"芙蓉"这个别称，是"敷布容艳"之意，汉代文学家司马相如把他的妻子卓文君比作是出水的芙蓉。可是唐代有人用"芙蓉"命名了另外一种江南常见的花木"芙蓉"（*Hibiscus mutabilis*，又称木芙蓉），所以现在很多人未必知道荷花才是唐代人之前普遍认为的那个"出水芙蓉"。

至于荷花的另一个名称"莲花"，很可能是因为它的花托称为"莲蓬"、种子称为"莲子"，后来有了"莲花"这个名字。在魏晋以后的乐府歌辞里，采莲曲非常流行，采莲的男女泛着一叶轻舟，穿梭于荷丛之中寻找莲蓬，那种"乱入池中看不见，闻歌始觉有人来"的情景引起许多人美妙的遐想：由于"莲"与"怜"音同，所以古诗中有不少借"莲"表达爱情的诗句，如南朝乐府《西洲曲》里的"采莲南塘秋，莲花过人头；低头弄莲子，莲子青如水。""莲子"即"怜子"，是那个女孩正在怀想的英俊少年吧。

一梗能开双花的并蒂莲则比喻和美、幸福，更通俗的"莲蓬多子"这个含义则在民间广泛流传，比如明清的木版年画多采用"连（莲）生贵子""连（莲）年有余（鱼）"等荷花吉祥图案来表达人们传宗接代和富贵的愿望。由于"荷"与"和""合"谐音，"莲"与"联""连"谐音，传统文化也经常以荷花作为和平、和谐、团结的象征。

不过，莲子的种植算是麻烦的，因为它干了以后紧密坚硬，种植之前必须把莲子凹进的一端破一小口，露出种皮以后才能顺利长出幼苗来。另一种更快捷的方法是直接拿藕种在水中。从有关荷花的诗歌推测，魏晋以后中国人就普遍种植荷花了，不仅用来吃，还入药、泡酒。

荷花真正进入园林是在隋唐的时候，长安城外东南隅的皇家园林"芙蓉园"就以种植荷花出名。隋唐时期的瓷器、铜镜等的装饰多采用莲花花纹；金银器上，尤其是盘边缘，多饰以富丽的莲瓣纹。南宋都城临安（今杭州市）的"曲院风荷"则让后人回想不已——"毕竟西湖六月中，风光不与四时同。接天莲叶无穷碧，映日荷花别样红。"

宋朝词人周邦彦写过："叶上初阳干宿雨，水面清圆，一一风荷举。"这揭示出荷花的美在于只有一朵单独的花苞高托在水面之上。尽管，它真正能传粉的花是在粉红色的苞片里面隐藏的小花，但是人们喜欢欣赏的恰恰是外面色彩鲜明的苞片。

荷花的好还在于它几乎是全年可以观赏的，春天小荷才露尖尖角，开花先后相继有两三个月，青翠的绿叶更横跨夏秋，到冬天也有枯枝可供"留得残荷听雨声"。对古典文人来说，荷花和梧桐、芭蕉一样，常常和雨联系在一起，雨打荷叶的意境常常出现在唐诗宋词中。这一点倒是有科学依据，荷叶上有一层特殊结构，雨水掉落在上面会凝成滚动的水珠。

荷花的叶子也不尽是高出水面的。在扬州的瘦西湖，一位常年观察荷花、画荷花的艺术家曾告诉我，最早长出的小圆叶是浮在水面上的，称为荷钱，然后从藕带上长出比荷钱稍大一点的浮叶，也贴于水面上，这以后才长出盾形圆叶挺立在水面之上，这种深绿色的叶子最大可以长到直径六七十厘米。

在魏晋之前荷花似乎更偏重于食用和民间色彩，就像许多采莲曲所描写的那样。可是随着佛教引入中国，从印度带来的莲花图像及其意义催生了新的文化象征。

今天在许多佛寺的大雄宝殿中，佛祖释迦牟尼都是端坐在莲花宝座之上。我在佛陀悟道的"菩提伽耶"旅行的时候，看到过一个号称佛陀经行处的地方，据说佛陀成道以后，在这里东西往来行走了七天七夜，徘徊留下的脚印化作一朵朵莲花。现在的石雕莲花据说最早是阿育王下令修建的，信徒们总要在上面撒上鲜花来表示对佛祖的怀念。另外也传说佛陀在蓝毗尼出生以后向东西南北四方各走七步，步步皆生莲花。佛陀说法时常有天人从空中散下缤纷的天花，有时候天人也会自身化成天花或花座来供养佛陀。

为什么佛要坐在莲花上呢？莲花在佛教之前的古婆罗门教时期就是一种象征性的花朵，神话里说印度教创造神梵天（Brahma）就是坐在千瓣莲花上诞生，毗湿奴（Vishnu）和吉祥天女(Lakshmi)也是如此，也许是受此类传说的影响，后世的佛徒也雕刻莲花台上的佛陀像并以花供佛，后来更衍生出佛教四大吉花、九大象征之类的体系，显得繁杂无比。其实佛陀在世的时候反对偶像崇拜，是后世僧团、信徒不断衍生出佛像、图画、信物一类的东西。

大概是受到天竺习俗的影响，东汉以后中国人也拿荷花来供佛，龙门石窟著名的《帝后礼佛图》中就有北魏皇室贵妇手执一枝盛开的莲花以及莲蕾、莲蓬去插花拜佛的画面。关于莲花和佛教的关系还有许多神奇的故事，据说三国时魏明帝打算禁佛教毁寺庙，一位印度和尚以金盘盛水置于宫殿前，投下一颗舍利子，水中忽然涌起一朵五色莲花，吃惊的明帝就不再禁佛了。后来和尚图澄拜访后赵的皇帝石勒

《佛陀在莲花座上说法图》，10 世纪， 敦煌莫高窟 17 洞，大英博物馆藏

时也曾表演这个法术，在一钵水前烧香念咒，不一会儿钵中长出鲜艳夺目的青莲花。这都是当时的官方正史所载，估计是和尚们从印度瑜伽师那里学来的魔术手段，很多时候这种新奇戏法往往比教义更能吸引人们的皈依。

中国本土的荷花多是红色的，而印度比较重视的是青莲和白莲，有特殊的象征意义。在佛教净土宗的修行里，莲花的意义显得更特别，因为净土宗的信徒最后皈依处是西方极乐世界，据说修行成功者在往生极乐世界的路上会有观音手持莲花迎接，往生者就在莲花里"化生"为极乐世界的一员，不再堕入胎生、卵生、湿生的轮回。据说极乐世界的大水池里有长有大如车轮的莲花——这很可能指的是睡莲，而不是荷花。

"不着世间如莲花"，虽然根在污泥中，但经过修行，伸出水面的花朵却是纯洁美好的，正如超逸脱俗的佛陀一样。也许是受到佛教的影响，魏晋时候的士人已经在《芙蓉赋》里用这种"浴灵沼之清漱，结根柢于重壤"的花朵来比喻自己洁身

《瓶荷图》，明代，纸本水墨，沈周，天津
博物馆藏

《聚瑞图》，清代，绢本设色，郎世宁，台北故宫博
物院藏

　　沈周的作品以古雅的文人审美为追求，而清雍正元年（1723 年）传教士宫
廷画家郎世宁为刚登基不久的雍正皇帝所做的《聚瑞图》则是恭维皇帝的繁盛
鲜艳之作，题识云："皇上御极元年，符瑞迭呈。分歧合颖之谷，实于原野；
同心并蒂之莲，开于禁池。臣郎世宁拜观之下，谨汇写瓶花，以记祥应。"

自处，到宋朝周敦颐的《爱莲说》更是以"出淤泥而不染，濯清涟而不妖"比喻君子。很大程度上因为这篇文章入选了中学课文，这才让荷花的这种象征固定化了。与蔷薇、牡丹不同，莲花基本上还是一种中性的鲜花，纯洁高尚既可以指男性也可以指女性，比如近代诗人徐志摩就用白莲来比喻一位女子——也许是林徽因——像"星光下一朵斜欹的白莲"。在很多文化上，白色是和纯洁相关的一种最重要的颜色，要比"红"显得"更纯洁"。

相比荷花在印度、中国被拔高的意义，睡莲是种更为入世的植物，睡莲属（*Nymphaea*）的植物在世界各大洲的热带和温带都有原生品种，它有更强的生命力和更长的花期，因此在欧美的庭院水景中要比荷花出现得多。

睡莲与荷花在植物分类学上的区别挺大，睡莲属于睡莲目睡莲科睡莲属，而荷花属于山龙眼目莲科莲属（*Nelumbo*），两者的花形花色有相似的地方，但是叶子的生长位置和形状有不同。睡莲的叶子多漂在水面上，叶面有 V 字形裂缝，而荷花的叶子伸出水面，是无裂缝的圆形。

中国史书上说 2000 年前东汉大将军霍光的宅邸花园中"凿大池，植五色莲池，养鸳鸯卅六对"，可这到底是睡莲还是荷花是有争议的。印度的荷花和睡莲大概很早就西传到中东、西亚和欧洲了。波斯人可能在约公元前 500 年就把荷花种子带到古埃及，希腊作家希罗多德曾看到尼罗河里"生长着一些像玫瑰的百合，果实生长在像黄蜂窝的荚里，有很多像橄榄核大小的果实可以食用，可以吃鲜的，也可以吃干的"，这可能说的是荷花。

古埃及人装饰庙宇柱顶的"莲苞"，那种硕大的叶子则是仿自睡莲。古埃及人注意到埃及蓝睡莲（*N. caerulea*）是早晨打开花朵，而白睡莲（*N. alba*）则是晚上打开花朵早上闭合，他们把这与他们关于复活的信仰联系起来，就像法老王建造金字塔是准备复活后使用一样，他们相信莲花有助于死者再生，所以在葬礼上莲花占有极重要的地位。他们在 2000 多年前就栽培睡莲并视之为太阳的象征，睡莲在

古埃及米纳墓葬壁画上有采集睡莲的图像，公元前 1400 ～前 1352 年，纽约大都会艺术博物馆藏

很多法老陵墓和神庙的雕刻上都作为装饰出现。古希腊也把睡莲作为祭品献给水乡泽国的仙女。

16 世纪以后意大利、法国的贵族常用睡莲来装饰喷泉池，作为园林观赏植物。他们也不断随着地理大发现和殖民的脚步把热带和温带的睡莲带回到欧洲的园林、植物园中。1837 年英国探险家罗伯特·赫尔曼·尚伯克（Robert Hermann Schomburgk， 1804 ～ 1865 年）在南美圭亚那发现一种有着巨大叶子的亚马逊王莲（Victoria amazonica），便采集种子送回英国的皇家植物园邱园。在邱园种下以后萌芽长出绿叶，但是却不见开花——这是典型的热带植物，喜高温高湿，北回归线以北的广大地区只能在特制的温室内越冬。

1849 年查丝华斯庄园（Chatsworth）首席园艺师约瑟夫·帕克斯顿（Joseph Paxton）得到一颗王莲种子，他种在室内盛满温水的池子里，设计了一个运动转轮使水循环流动。很快，植物就发芽长出巨大的叶片，并在 3 个月后开出美丽的花朵，引起全伦

《王莲》，1847 年，手绘图谱，威廉·杰克逊·胡克（W.J.Hooker）

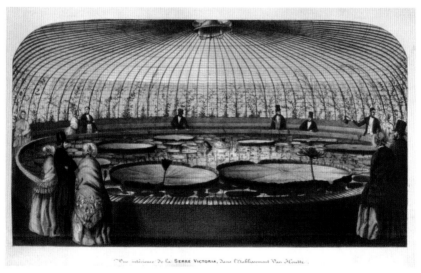

《玻璃温室中的亚马逊王莲》，1852 年，手绘图谱，斯特邦特（L. Stroobant）

　　上图是在亚马逊热带生活的王莲，下图是伦敦的玻璃温室中生长的王莲，这是自然和人工的巨大差别。

敦的轰动。报纸上还刊登了他 7 岁的女儿站在王莲叶子上的插图。王莲最引人注目的是它圆形的叶片，质地颇厚，边缘翘起，直径可达 2 米，是植物界中叶片最大的。

帕克斯顿之前已经使用玻璃修建过植物温室，他注意到王莲的叶子背面交错的网状叶脉可以支撑叶子并提供巨大的浮力，便想用类似结构修建更大的建筑。后来他以此为基础，给英国的首届世界博览会设计了著名的"水晶宫"，这是世界上最早采用预制钢铁与玻璃修建的大型建筑。1851 年，来自世界各地近 1.4 万名参展者在水晶宫内外展出了 10 万多件展品，其中就包括王莲在内的各种植物。亚马逊王莲在水晶宫引起几十万游客的赞叹，之后欧洲各地纷纷用玻璃温室种植王莲等热带植物。园艺家还把原生种亚马逊王莲、克鲁兹王莲（*V. cruziana*）杂交培育出叶片最大的长木王莲。

印象派绘画大师克劳德·莫奈用卖画得来的钱在巴黎郊外的吉维尼村修建了自己的花园，池塘里那一丛丛睡莲与小桥、柳树后来都出现在了他的画上。

2007 年美国斯坦福大学眼科学教授迈克尔·马莫尔主持的研究小组在《眼科学文献》杂志上发表论文，认为克劳德·莫奈老年画的那一系列著名的《睡莲》的朦胧风格可能并不是艺术家有意创造，而仅仅是因为他晚年患上白内障，对色彩的感受力严重衰退所致。莫奈在 1912 年就患有白内障，在这前后他曾经抱怨自己对色彩的感受力已经不像从前那样强烈，"在我眼中，红色变得混浊，粉色也显得十分平淡，一些暗沉的颜色我已经完全感受不到"。

这样看来，印象派绘画的创造性多少变成了一种生理疾病的派生品。我好奇的是，如果莫奈真是遵从自己有问题的视力所见的色彩、形貌——尽管这不是一个视力正常的人看到的——这到底还算不算他在直接描绘"真实风景"？或者说这风景是按照自己的眼中所见，还是需要参考别人的视力才能"客观"？艺术家到底是在靠眼睛、记忆、技巧还是"想象的共识"在画布上涂抹？

梧桐与悬铃木：

误会的浪漫

当代爱情小说、电影里常有恋人在"法国梧桐"的荫蔽下漫步的场面，对近代以来的中国人来说，"法国"和"巴黎"代表的是摩登的新世纪，和激情的恋爱相结合，形成隐私和公共空间结合在一起的浪漫世界，具有生动的画面感并隐含着丰富的文化意蕴。

奇妙的是，植物学家考证出来，诸如上海、南京等很多中国城市街道上的"法国梧桐"学名叫作"二球悬铃木"（*Platanus ×acerifolia*），是近代才引进到中国的，和唐宋元明清的诗人们看到的"梧桐"在植物分类学上来说并没有多大关系：原产地是中国、日本的梧桐（*Firmiana simplex*）是梧桐科的落叶乔木，它和同名为"桐"的所谓"法国梧桐"以及油桐（大戟科）、泡桐（玄参科）都没有亲缘关系，可是普通人却因为它们在树干、枝叶上的类似而称之为"桐"。

最早是法国人把法国梧桐这种树带到上海法租界种植的，至今在上海淮海中路、衡山路能看到它们浓密的身姿，后来传播到全国许多大城市，如南京、武汉、杭州、青岛、西安、郑州等地。巴黎香榭丽舍大街上的二球悬铃木——法国人称为"伦敦悬铃木"（London planetree），只因为叶子和中国常见的梧桐树的大绿叶等方面有某

《二球悬铃木》,
1804年,
手绘图谱,
雷杜德

PLATANUS orientalis.

PLATANE d'Orient. *pag. 1*

些类似，又是法国人引入的，就成为上海人口中的"法国梧桐"，在全国也叫开了。街道上的"法国梧桐"和中国古典院落里的梧桐，就成为两个世界互相折射的对象，或者说，是把一个外来的树木嫁接在中国传统意境上。

能长到十多米高的梧桐看上去挺拔高大，可是在中国的古诗歌里常常是离愁的象征，这有点让人难以理解。细细揣摩古人的观念，关键在于植物和时序的应和，在于秋天落叶的那一刹那。

秋风起，一片片梧桐叶子由绿变黄、凋零、飘落，踩上去还有吱吱的声响，这

《悬铃木上的松鼠》，1605 ~ 1608 年，细密画，阿布尔·哈桑（Abu'l Hasan）

《梧桐双兔图》，清代，绢本设色，冷枚，北京故宫博物院藏

都是非常直观的感觉，"梧桐一叶落，天下皆知秋"。萧条的秋天常常让敏感的诗人联想到自己的怀才不遇或者远去的恋人、亲友，"梧桐叶落秋已深，冷月清光无限愁"，虽然，这仅仅是植物自己适应物候的惯性而已。好在诗人的感伤也不会持久，等春天万物复生的时候，他们又会写出描绘各种春花纷纷开放的愉快气息的新诗词。

似乎，在李白之前的时代，梧桐还不是那么令人感伤。《诗经》里"凤凰鸣矣，于彼高岗。梧桐生矣，于彼朝阳"，全然是和乐美好的氛围，后来更有了凤凰喜欢栖息在梧桐树上的传说，所以李白写下"宁知鸾凤意，远托椅桐前"的诗句。有着吉祥意味的梧桐树很早就是一种庭院用树，汉代的皇家上林苑里就有"椅桐、梧桐、荆桐"三种，魏晋南北朝时期的士人常写到庭院中梧桐的身姿，前秦的皇帝苻坚更是"以凤凰非梧桐不栖，非竹实不食，乃植桐竹数十万株于阿房城以待之"。即便到明清时期，怡园还有"碧梧栖凤"之榭，拙政园也在"梧竹幽居"里将梧桐和翠竹搭配在一起。

古代传说梧是雄树，桐是雌树，梧桐相依为命同生同死，且梧桐枝干挺拔，根深叶茂，可以象征忠贞爱情。《孔雀东南飞》里就有"东西植松柏，左右种梧桐。枝枝相覆盖，叶叶相交通"的描述。

可从唐代以后梧桐就常常和雨连在一起，白居易《长恨歌》里"春风桃李花开日，秋雨梧桐叶落时"是先声，南唐后主李煜从"春殿嫔娥鱼贯列"的皇帝生活沦落到"寂寞梧桐，深院锁清秋"的闲人，难免感伤。在他以后，宋代著名词人李清照就更加幽怨，梧桐、芭蕉都要和雨点亲密接触，落叶的衰败景象和落雨的声响交织出无穷的离愁和凄凉。

当时光拉长，进入20世纪初的上海淮海中路一带——原法租界的霞飞路附近——成为中国所有的"法国梧桐"的祖庭，中国传统文人的后院换成了近代的都市背景，也许是因为法国人带来的这种树的叶子和梧桐树的相似，落叶飘零而下的

19世纪英国园艺杂志中刊登的希腊的三球悬铃木古树的插图，1873年，手绘插图

样子让上海的文士们联想到中国梧桐萧萧落下的感觉，所以才有了"法国梧桐"的名字。

这种灰白色的树结的果实像铃铛，悬在树上，而那果实有三个、两个或一个一束的，故分别叫作"三球悬铃木""二球悬铃木""一球悬铃木"，它们的树干粗大，树冠大，三角星形状的叶子也比中国梧桐大，更适合用来遮阴。

三球悬铃木（*Platanus orientalis*）的原产地是亚洲西部以至印度一带。这很早就是波斯园林里用到的一种树，常种在水池边，罗马史学家老普林尼在《博物志》里说这种树是希腊人为了遮阴从东方（今天的西亚）引进到地中海沿岸的，柏拉图的吕克昂学园里就有高达 15 米的悬铃木围绕着中央的大理石水池和喷泉，古希腊好多村庄的中心广场种植这种树，科斯岛上有一株巨大的悬铃木，传说是古希腊医学鼻祖希波克拉底亲手所栽，村民一直当作圣灵之树供奉祭拜。不过实际测定它的年龄只有 500 年，也许以前真有古树，但当老树朽坏后人们在相同位置补种了新的树苗。公元前 62 年，古罗马将军庞培曾从东方引入大量三球悬铃木到罗马种植，用来为庭院和道路遮阴，虽然当时的药草学家警告说这种树的花粉会影响人的呼吸系统健康。这种树可以长得很大，传说罗马暴君卡里古拉曾经在一棵巨大的悬铃木的分叉上修建了一个可以容纳 15 个仆人来为他服务的树屋。人也用这种树的叶子作为草药，据说有治疗出血、烧伤、咬伤、蜇伤的作用。

罗马人把三球悬铃木传播到欧洲各地，17 世纪西班牙人将三球悬铃木和来自美洲的一球悬铃木（*Platanus occidentalis*，又称美桐）种植在相近的地方，偶然杂交出二球悬铃木。苏格兰的园艺家安通（William Aiton）在 1789 年首次用英语描述这种植物的时候还称之为"西班牙悬铃木"。19 世纪二球悬铃木作为园林景观植物和城市绿化植物在伦敦开始流行，因此英语和一些其他西方语言称之为"伦敦悬铃木"。此后引种到法国和欧洲大陆其他地区，成为包括纽约、巴黎、上海等城市林荫道的主要树种之一。

1902 年起，法国人开始在淮海路上种植这种"伦敦悬铃木"，上海人看到是法国人引种的，就称之为"法国梧桐"，或者是因为它有巨大的绿叶、高挺的树干，还因为"梧桐"在中国传统文化中有吉祥的寓意，而住在法租界的高尚人士自然也算"梧桐"树下的"凤凰"吧。因为悬铃木好看、长得快、适应各种气候和土壤，所以很快扩张到中国的其他城市。在民国时期，上海是中国最现代的城市，上海人称之为法国梧桐，全国人也就照搬了。南京成为国民政府的首都以后，城市规划师们也引种了大量的法国梧桐，之后一球悬铃木（美桐）也被引进，所以现在南北方很多城市既有二球悬铃木也有一球悬铃木。

有意思的是，中国最早引种的悬铃木是 1600 年前就从印度传来的：公元 401 年，印度高僧鸠摩罗什到中国传播佛教，带来三球悬铃木种在陕西户县古庙前，这

《桐荫觅句图》，
清代（1807年），
纸本设色，
改琦

棵树因此得名鸠摩罗什树，可惜在 20 世纪 50 年代已经枯死，现在有的只是后来补种的小树。鸠摩罗什树在小县里安静地待了上千年，没有得到过广泛的引种——连西安的行道树也是近现代引种的"法国梧桐"和"美桐"。

鸠摩罗什树和"法国梧桐"的不同命运是由两种传播方式的差别造成的，这位佛教传教士带来的树种能否得到广泛传播，取决于个人力量和一系列偶然因素，而法国梧桐进入中国可以说是由经济体系和城市管理知识系统推动的：行道树，它是和近代建立的城市规划、道路系统的整体机制设计有关，在伦敦、巴黎的林荫大道上流行的树因此得以引进到上海的租界，用它整齐的绿叶覆盖刚开辟的马路。

20 世纪初的"法国梧桐"代表着洋派生活方式，传统文化赋予"梧桐"这个词的感伤气息已经大大退却。到 20 世纪 80 年代以后，人们通过文学、影视剧再次复活了各种树木罗曼蒂克的"海外背景"。经过修剪的法国梧桐还在遮蔽着上海衡山路老租界的房屋和街道，只是原来幽静的公寓街道已经变成人影攒动的酒吧街。"法国梧桐"也称为一种文化标记，似乎同时把古典的感伤、巴黎的现代主义时髦和上海在 20 世纪三四十年代的繁华旧影勾连在一起，给予在这片树荫下散步的人以一种浪漫而怀旧的"文化气息"。

指甲花与海娜花：

十指纤纤玉笋红

我小时候见过西北乡村的女孩采来凤仙花（*Impatiens balsami-na*），晚上将花瓣和柔枝摘下来，加上一点明矾，放到盆里捣烂，然后敷在每个指甲盖上，用大点的树叶子裹住，外面再用布紧紧缠住，一觉睡到第二天早上，揭去布和叶子，指甲上面就变成淡红色，再染一次就成深红，很久也不褪色。不过细节不好控制，常常连累手指也染上色，像水泡过的纸张晒干后出现的黄渍一样，要拿香皂洗好几天才能消退。现在人都知道明矾对身体有害，但它的作用是在指甲上形成一层类似浆糊的胶质，这样才能把花叶里含的红棕色素固定住。

凤仙花的花头、翅、尾、足都翘然如传说中的凤，所以才有"金凤花""凤仙花"之类的名字，但在民间最通行的还是"指甲花"这个名字，直接点出了它的染色功用。凤仙花特别有趣的是，它的籽荚轻轻一碰就会打开，花籽喷洒出来，所以它的别称是"急性子"。凤仙花的英语别名"别碰我"同样是说这个特点。其实等它的果实完全成熟的时候，即使没人碰也会自行爆裂，好把下一代弹出去播散繁殖。

虽然很多人说唐代诗人李贺写的《宫娃歌》里的"蜡光高悬照

《海娜花》，1875 年，手绘图谱，萨拉戈萨（*M.Zaragosa*）

纱空，花房夜捣红守宫"说的就是宫女捣凤仙花染指甲的事，可是细看的话这首诗根本没有提到凤仙花，更没说染的是指甲。最早提到凤仙花的晚唐诗人吴仁璧以及北宋的诗人都只是夸耀其花色、姿容，一点也没写到做染料的内容，说明中原人还没有染指甲的习俗。

直到南宋晚期周密才在《癸辛杂识》里记载凤仙花加明矾可以染指甲，而且"回回妇女多喜此"。也就是说，是阿拉伯人把染指甲的习俗带到中国的，当时汉族人还没有学样。凤仙花的原产地是印度、缅甸和中国西南，这种花也许是在唐代才从西南、华南向北逐渐传布，到宋代凤仙花在江南很常见，因为它到处都是，而且生得粗壮，人们并不在意，有诗人还把它比喻为象征高洁的菊花的"菊婢"，可见地位不高。

用某种染料把指甲染红的记载在唐代中期就出现了，诗人张祜《弹筝》里写河南商丘有位艺伎"十指纤纤玉笋红，雁行斜过翠云中"，可是他没点出这位古筝高手到底是用什么东西染成艳丽的"玉笋红"的。

有意思的是我在印度西部拉贾斯坦邦见过另外一种国际闻名的指甲花——印度人叫"莫海蒂"（mehndi），阿拉伯人称为"海娜"（hinna），拉丁学名为 *Lawsonia inermis*，而中国人叫"散沫花"，或直接像阿拉伯人那样叫"海娜"。

海娜的枝干可以长到三四米高，比凤仙花高很多，开的花只有蚕豆大小，绿色或者玫瑰色，散发出馥郁的香味。它的叶子、花和果实都含有一种红橙色的染料分子——指甲花醌，而且很容易和人体皮肤上的蛋白质结合，是很好的染色材料。现在印度人还大量种植海娜，当地有专门的作坊收购农民采摘下来晒干的叶子，然后粉碎磨成极其精细的干粉末在街市上出售，用于染发、染指甲、纹身和作为皮革、羊毛的染料。一些年老的印度女士会用青绿色的海娜粉配合蜂蜜、生鸡蛋之类的东西把头发染成棕色，而有的印度教修士也喜欢在手上染出复杂的彩绘图形。

海娜的原产地在北非、西亚、南亚和澳大利亚北部热带区域，用来入药和做

《凤仙花》，1875 年，手绘图谱，布兰科（*M.Blanco*）　　　　《凤仙花》，近代，绢本设色，吴昌硕

染料也比凤仙花早得多，公元前 16 世纪埃及的医学文献"埃伯斯纸草文稿"
（Ebers Papyrus）中已有使用海娜花作为草药的记载，公元前 78 ~ 前 77 年（相当
于我国西汉时期）希腊名医迪奥斯科里季斯（Dioscorindes）的著作《药物志》中
称其："叶片似洋橄榄叶，但较洋橄榄的叶稍宽，柔软纸质，深绿色。具芳香气，
花白色，有像珊瑚树的果实一样的黑色果实。"那时候用"海娜"来染指甲的习俗
在中东地区已经十分普遍，传说两千年前的埃及艳后克娄巴特拉用它染出红褐色的
长指甲，罗马贵妇也许就是从埃及人那里学会染指甲和染发的。

　　埃及、西亚人的这种习俗至晚在公元 4 世纪传到印度，当地人用它染发并用作
布匹与皮革染色的染料，在中世纪这是从北非到印度广大的热带地区最流行的染料
之一，波斯和阿拉伯妇女很喜欢用这种植物的叶子把手染红。在北非、中东和南亚，

《伊朗女子在用海娜染脚》，
16 世纪晚期，
细密画，
纽约大都会艺术博物馆藏

至今还有用海娜染发、绘制人体彩绘以及染布的习惯。这种人体彩绘在印度，至今还很流行，尤其是新娘在结婚之前往往要在亲朋好友的帮助下设计好图案，请手绘师用海娜粉混合水在手、脚等部位绘制最精美复杂的图案，整个过程至少需要好几个小时，非常烦琐。

而在欧洲，海娜也曾在 18 世纪作为一种异国情调受到英法唯美主义艺术家的追捧，比如英国画家丹迪·加百利·罗塞蒂（Dante Gabriel Rossetti）的妻子伊丽莎白·西德尔（Elizabeth Siddal）经常染着棕红色头发，这在当时是一种特立独行的波西米亚风格。

晋代人嵇含写的《南方草木状》提到的"散沫花"或许就是海娜，它与"耶悉茗"（即素馨花）、茉莉花一样是胡人移植到广东的，书中还提到胡人爱把这种花摘下来放在襟袖里散发香气。而唐代人段公陆在《北户录》里提及的"指甲花，花细白，绝芳香，番人重之"很可能说的就是波斯人移植到华南的海娜花，既然已经俗称"指甲花"，可见当时如张祜写的那位艺伎的红色指甲极有可能是用这种海娜染色的，也许当时已经有人在河南附近用特殊方法栽培海娜花，或者就是用从华南得来的粉末。可是当时这种给指甲化妆的染料只有艺伎这样追求新奇的人敢于尝试，大部分人并没有跟风，而且这种热带植物可能只在华南小范围传播种植，也无法在北方的户外正常生长，因此北方人对此还不太了解。而在南方，除了用来染指甲，明清时期一些南方女孩喜欢把它簪在头发上，福建仙游人还因为它的花极香而称之为"七里香"。

可能到南宋的时候，早就知道波斯、阿拉伯人爱染指甲的中国回回女性发现江南乃至北方生长的凤仙花可以代替海娜花，加上明矾一样可以染出红指甲来，于是开始尝试，而汉族女性是在元代才逐渐喜欢这种装饰的。尽管凤仙花也可染指甲，但其效果不及海娜花，李时珍在《本草纲目》中也说："指甲花，有黄白二色，夏月开，香似木犀，可染指甲，过于凤仙花。"海娜花与凤仙花的植物科属不同，前者属于千屈菜科，后者属于凤仙花科，二者的有效成分则是基本一样的色素。有趣的是，我国南北都可种植凤仙花，在南方一般叫凤仙花、指甲花，而西北的新疆、甘肃等地俗称"海娜"，我怀疑这是西北人受到西亚人影响，看到这种植物能如西亚的海娜一样染色，所以就把本地种的凤仙花也叫"海娜"了——实际上此"海娜"非彼"海娜"。

《普洛塞庇娜》，
1850年，
油画，
罗塞蒂，
英国伯明翰美术馆藏

　　画家罗塞蒂（Dante Gabriel Rossetti）被誉为拉斐尔前派画家中的"诗性的灵感"，他的妻子西岱尔（Elizabeth Eleanor Siddal）是他钟情的模特和爱人，有许多画都是以她为原型。此图以罗马神话中的冥后普洛塞庇娜（Proserpine）——她的出现也意味着春天的到来，后来就成为文艺复兴的代表形象——为标题，画家的妻子的红发是用海娜粉染色的，这在当时的时尚界、文艺界是一种新潮，带有一种东方情调。可惜的是西岱尔病弱，过量服用鸦片酊治疗病症，于1862年撒手人寰。

除了这两种"指甲花"以外，还有其他把指甲染红的方法吗？说起来人们在脸上、嘴唇上用的丹砂、胭脂的历史很悠久，至少西汉的人已经把朱砂或者胭脂磨成粉末再掺入米粉、铅粉、猪牛动物油脂等辅料调和成糊状抹在嘴唇上了——尽管现在看来丹砂里面含有的汞毒性很大。魏晋时候张华在《博物志》中还记载了守宫砂的神奇故事，说用丹砂喂养当时叫作"守宫"的一种小蜥蜴——大概就是壁虎，常在皇宫建筑墙角出现所以有了"守宫"这个名字——让它通体变为赤红，然后用杵将红壁虎捣碎做成颜料，点在刚入宫的女子手臂上，处女可以一直保持这种殷红似血的斑点，但发生性关系的话颜色会马上消失。类似的说法是用丹砂和壁虎等配药直接涂到身上，这些大概都是当时的方士们为取悦权贵才编撰出来的，唐代重订《新修本草》的学者苏恭已经指出这是荒谬之说。

麻烦的是指甲比皮肤滑溜，而且每天接触水，要把颜色固定在上面很困难。在这方面真正有创造性的是古埃及人，3500 年前他们就拿羚羊的毛皮摩擦来让指甲发亮，再涂上海娜花的花汁，染出迷人的艳红色，这种混合油脂、花汁的糊状物质可以说是最早的"指甲油"。到 19 世纪德国科学家发明硝化纤维素——它不溶于水，可以把颜料固定在指甲上——以后近代化妆品指甲油的发展才成为可能，一战后指甲油的生产就大大发展起来。

据说慈禧太后那双著名的长指甲上涂的白色指甲油就是从西洋进口的，可以让指甲呈现柔和的光泽。20 世纪初上海、广州、香港的都市时尚人士开始用进口的红色指甲油打扮自己，20 世纪 20 年代美国蔻丹美甲油 (CUTEX) 在上海《良友画报》上的广告词特别强调"全球驰名"这个点，就像 60 年后中国的电视广告上厂家无不宣称自己是"国际名牌"一样，对应的是新派人物那种强烈的时髦心理。当时在内地、乡间，大部分中国女孩还在用凤仙花来装饰自己的指甲，直到 20 世纪 90 年代中国人普遍接触和使用指甲油后，指甲花也就从人们的日常生活中退却了。

昙花与夜来香：

夜晚的期待

对电灯普及以前的人来说，夜幕降临以后的日子多少显得有点无聊，秋后蟋蟀的声响，风刮过的呼啸和狗叫也许就是最常听到的声音，好在还有一轮月亮能在清朗的时候铺洒亮光，如果约两三好友一起秉烛夜游也算乐事，比如去看看昙花、晚香玉绽放——且慢想象，昙花和现在常见的几种夜晚开花的植物多是原产美洲的，如夜香树、紫茉莉都是近代才输入中国用来观赏的。也就是说，明代以前的人肯定没见过它们。

"昙花一现"是个常见的成语，可是大概少有人知道的是，这个成语里说的"昙花"和现在人欣赏的所谓"昙花"并不是一回事，虽然，它们都是在夜晚开放的。

现在人们常见的"昙花"（*Epiphyllum oxypetalum*）原产地是中南美洲，17 世纪由荷兰人引进中国的台湾、福建等地，估计是哪位文人看到这种花夜间开放，很快萎谢，正应和了"昙花一现"这个成语，就命名为"昙花"。这是仙人掌科昙花属的植物，叶片在千万年前就退化成海带似的青色茎片。它在夏秋之间的夜晚开花，所以有"月下美人"的别名。大概到晚上 10 点左右花筒慢慢翘起，绛紫色的外衣慢慢打开，然后由 20 多片花瓣组成的、洁白如雪的大

Cereus latifrons.   *Cereus Phyllanthus.*

Verlag der J. C. Kriegerfchen Buchhandlung (Th. Fifcher) in Caſſel und Leipzig.

Lith. Inſt. v. G. Francke in Caſſel.

《昙花》，
1843年，
手绘图谱，
奥托

花朵就开放了，散发出浓郁的香味。细白的花丝从花芯中旋转地伸出来，中央是一个比较粗的白色雌蕊，顶端的柱头上开着一朵小小的类似菊花的白花。

昙花之所以夜间才开花，可能是为了适应墨西哥一带燥热的沙漠气候，白天又干又热，它需要抑制自己的生命活动来保持能量，而等到晚上开花既能避开曝晒，减少水分消耗，又可以借此繁殖延续生命，几百万年来就逐渐形成了这种遗传特性，即使养在家里也仍然如此。可是它开花以后花瓣容易散失水分，根部无法长期维持花瓣所需，因此三四个小时后花冠就闭合，花瓣也会凋谢。

优昙花：各表一枝

中国古人总结出"昙花一现"这个成语的时候，上面提到的"昙花"还长在墨西哥的荒野里，不仅唐宋元明的人不知道，古希腊、罗马人肯定也没见过。

"昙花一现"这个成语来自佛经，本名叫"优昙钵罗花"，是梵文"udumbara"的音译，简称优昙花，佛家《妙法莲华经》云："佛告舍利佛，如是妙法，如优钵昙花，时一现耳。"《长阿含经》里也有："（佛）告诸比丘，汝等当观，如来时时出世，如优昙钵花，时一现耳。"可见这是种难得一见的花。中国人正是从佛经中引申出"昙花一现"这则成语的，比喻顷刻消逝的稀奇事物，后来似乎还沾染上贬义，说的是那些生命力不强或经不起考验的人或事。

佛经里提到的这种花到底是什么，现在有两种解释：一种说法认为优昙花是三千年才开一次的祥瑞花，只存在于佛徒的想象之中；另一种说法是唐代僧人玄应所撰《一切经音义》中所说，这是原产在南亚、东南亚和大洋洲的聚果榕（*Ficus racemosa*），因为它开出的小花藏在凹陷的花萼里，古人以为它不开花就结果，认为非常稀奇。在古印度这种树象征繁荣，也许是因为它结出的果子是成群挤在一块，看上去很繁茂吧。宋代人乐史在《太平寰宇记》里说"广州产优昙钵，似枇杷，无花而实"说的也是这种树，它应该是在宋代之前就从东南亚传播到中国华南地区了。

奇怪的是，明代以后的人对乐史的说法视而不见，反倒把佛经中的传说和现实中的另一种花联系在一起。开先风的是明代旅行家徐霞客，他在昆明游曹溪寺时曾参观当地人所说的"优昙树"："高三丈余，大一人抱，而叶甚大，下有嫩枝旁丛。闻开花当六月伏中，其色白而淡黄，大如莲而瓣长，其香浓烈。"现在这花还在曹溪寺大殿前右侧院内成活着。另外昆明的昙华寺内也有一株著名的"优昙树"。

明清人认定的这种优昙树又名山玉兰（*Magnolia delavayi*），原产云贵川地区，是一种长得很高大的落叶乔木，树皮灰绿色，粗糙、开裂，五六月开出乳白色的花。它的原产地是中国华南和西南地区，可因为云南和中原的交通在明清时期才常规化，那以后人们才得以大量了解到当地的各种植物。

这种优昙树每到五月下旬就形成一个个花苞，到傍晚那些饱满的绿色花萼会张开，在十多分钟时间里徐徐张开花瓣，有时候花瓣弹开的力度非常大，能看到花朵明显在抖动。不过优昙花虽然也在夜晚开花，但是持续的时间要比之后从美洲传来的"昙花"长得多。优昙花开出的花大而白，气味芬芳如檀香，如果佛陀那个时代真见过这种花，用来打比喻也算合适。

晚香玉：夜的沉醉

原产墨西哥的晚香玉（*Polianthes tuberosa*）是清末由欧洲人传入中国的，19世纪末广东、天津郊区已经出现商业化种植，因为欧美的侨民喜欢这种能散发香味的花木。原产南美的夜香树（*Cestrum Nocturnum*）、紫茉莉（*Mirabilis jalapa*）等也是从南美引进的，但当时只在华南有种植，也是晚上开花。

鲜花生发芳香有两个原因：一是花瓣细胞中含有糖苷，经酵素分解以后就产生香味；二是花瓣中有油细胞，它能分泌出芳香油，并把分子散发到空气中，比如丁

《晚香玉》，1805 年，手绘图谱，雷杜德

香花、晚香玉就是这样。

晚香玉有好几个近似品种，其中印度、西亚也有原生的品种，印度人用它的花朵做成花环用于婚礼等各种传统仪式，而伊朗人很早就开始从它的花里提取香精做香水。

晚香玉的叶片碧绿，花茎挺立，夏秋之间从淡绿色的苞片中长出白色或者紫色的漏斗状花朵，自下而上陆续开放，并散发出芳香，夜晚或阴雨天更为浓烈。这是因为夜里的空气比白天潮湿，花瓣上和外界交换气体的气孔变大，花瓣里的芳香油分子就通过气孔跑到空气中来。

华南原生的植物中，萝藦科的夜来香 (*Telosma cordata*) 比较常见，虽然也是在盛夏的夜晚开花，香味浓烈，但它的花是黄绿色的，叶片呈卵圆状心脏形，和晚香玉的线状叶、白花不同，它们之间也没有亲缘关系。

其实现在，多数人并没有兴致等到夜间看这些花开放的刹那，现在人消磨时间、娱乐自己的选项太多了，只有古代人才会对各种夜晚开放的花木有巨大的热情：在那些漫长的夜晚，在没有香氛、香水的时代，和亲朋好友一起边谈天说地边等待花木在月光、灯火下逐渐开放，闻见一丝花香，这个等待的过程似乎要比真正花开的刹那更让人感到兴奋。

紫丁香与丁香：

你的惆怅，我的香料

　　紫丁香在北方很常见，五六月间开花，淡紫色的微型喇叭花长在枝头，散发清香，花虽细小，但一团团、一簇簇地占满全株，丰满而艳丽。紫丁香的树干可以长到四五米高，小花汇到一起也算硕大繁茂。可是也不知道哪个心细的诗人首先发现它细长的枝条常常纠结在一起，紫丁香花没开放的时候纤小的花蕾密布枝头，给人以欲放未尽之感，所以古人常用丁香花含苞不放来比喻愁思郁结。如李商隐的"芭蕉不解丁香结，同向春风各自愁"，这个"丁香结"反复得到书写，"愁肠百结"的名声就这么流传下来，到民国时期诗人戴望舒还在写"一个丁香一样地，结着愁怨的姑娘"。

　　这种紫丁香的拉丁名为 *Syringa oblata*，是木犀科丁香属下的花木。之所以称为"丁香"，因为它们的花细小如丁且散发出香味。当然，丁香花的颜色不仅仅是紫色的，白色的也很常见。丁香属下的植物广泛分布在东南欧一直到东亚，野生品种也很多，如在湖北高山上至今还有野生的垂丝丁香（*S. komarowii var. reflexa*），一簇簇圆筒状的花朵像藤萝般下垂。中国北方原产的红丁香（*Syringa villosa*）比紫丁香晚开花，国外也称为晚丁香，它能长到三四米高，开淡紫红色或白色的花朵，近些年被引入园林观赏。而在南欧、北

《红丁香》，
1910年，
手绘图谱，
菲奇（J.N.Fitch）

《仙萼长春图册之紫白丁香》，
清代，
绢本设色，
郎世宁，
台北故宫博物院藏

美的花园、街道上常见的是所谓的"欧丁香"（*S. vulgaris*），这是 16 世纪从奥斯曼土耳其传入欧洲的。

中国人是最早人工栽培紫丁香这类花木的，唐代人段成式写的《酉阳杂俎》中提到宰相李德裕的庄园里就种有紫丁香，皇宫里元和殿、延和殿也有丁香树，当时还有收集树上的露水作为香水或者神奇药物的习俗。

国外栽培紫丁香的早期历史并不清楚，不过 1553 年法国博物学家皮埃尔·贝隆（Pierre Belon）出版的书里提到奥斯曼土耳其苏丹的庭院里种有这种花——不知道是本地品种还是来自中国的，他形容说这种树长得像狐狸的尾巴。稍后，奥匈帝国的斐迪南一世派往君士坦丁堡的大使奥吉尔·德布斯贝克（Ogier Ghiselin de Busbecq）热衷于收集和介绍他在土耳其见到的新奇东西，郁金香球茎也许就是他介绍给园艺学家克卢修斯（Carolus Clusius）带回维也纳的，而丁香也许是他 1562 年

《瓶中的紫丁香、雏菊和银莲花》，1887年，油画，梵高，
瑞士日内瓦历史艺术博物馆藏

从土耳其回维也纳之前引介的。欧洲各国大约在17世纪以后才开始在花园中观赏来自中东、东欧的丁香花，中国的品种也逐渐传入，法国人杂交培育出很多新的丁香品种，后来在欧洲、美国都有引种。

可中国人关于"丁香结"的幽思没有传播出去，欧洲人对这种花有着不同的赋意，在法国，丁香花开的时候是气候最好的时候，春天正浓烈，所以这种花象征的是年轻人的纯真无邪、初恋之类明媚的东西。从欧洲传到美洲的丁香花也带有春天的爽朗意味，倒是惠特曼在纪念林肯的诗歌《最近紫丁香在庭院里开放》里透露出一点"岁岁年年花相似"的调子，4月逢春开放的紫丁香勾起他对林肯如星辰坠落的感慨和哀悼，但他最后用有力的笔调把悲悼转化成沉静的颂歌。后来从纳粹德国逃到美国的音乐家欣德米特（Paul Hindemith）曾把这首诗谱成安魂曲来纪念逝世于任内的罗斯福总统和二战阵亡将士。

有趣的是，在唐诗宋词里感叹幽怨的"丁香花"之前，东汉魏晋时代中国人已经对另外一种植物——也就是我们现在说的"洋丁香"（*Syzygium aromaticum*，英文名 clove）——的味道有了新鲜的体会。按照现行的植物分类学，洋丁香属于桃金娘科蒲桃属的植物，其花朵的香气更浓郁，可以用来提取芳香油制作各种丁香精油、香水，香奈儿的"可可"（Coco）、圣罗兰的"鸦片"（Opium）等经典香水里就含有它的成分。

洋丁香的原产地是印度尼西亚的马鲁古群岛（Maluku），后来才传入世界各地的热带地区。在印度南部的喀拉拉邦，我参观过这种洋丁香树，它们要比中国人用来观赏的紫丁香长得高大，有的足有十多米，四季常绿。不像中国的紫丁香在春季开花，它是在夏天开花，结出的小花开始是白色，后来变成绿色，最后转为红色，用手掰开红棕色的短棒状花蕾能看到中央的花柱，用指甲划开就能见到油质渗出，马上涌出更为浓烈的香味。洋丁香种后 4 年即可开花结果，但是产量到第 20 年以后才达最高，等花蕾从青色转为鲜红色时人工采摘花蕾，除去花梗，每株丁香树平均能摘下三十多公斤干花蕾，可以制成香料或者晒干后蒸馏出香精油使用。直到现在洋丁香香料还是咖喱粉的原料之一，印度人常在烹调中用到，好多菜里都能尝出它的味道。

香料在人类历史上起到举足轻重的作用，五万年前上古很多部落就对植物的种子、果实、树皮和叶子散发出的味道着迷，在宗教、巫术仪式上用香料敬奉鬼神，但是后来从取悦神发展到取悦人，防腐、调味、医疗、化妆这些实际的需求逐渐强烈起来。

汉代以前中国人使用的香料基本是土产，比如点燃蕙草（灵香草）散发香味最迟在春秋时期便为人所知，汉代高官显贵普遍爱好香烟袅袅的氛围，甚至还给衣服熏上馥郁的芬芳。到汉武帝的时候，他一方面向西派遣张骞出使西域，一方面向南派兵到华南、交趾（今越南）一带，和海外的交流因此频繁起来，宫室与贵族的楼阁里开始散发出异国来的龙脑香、鸡舌香的芬芳。

最迟在东汉时就有了尚书郎——类似于皇帝的机要秘书——口含"鸡舌香"向天子奏事的制度。鸡舌香据说就是洋丁香制作的，小如鸡的舌头，含在嘴里可以令口气芳香。不过当时这种香料应该比较少见，因为汉桓帝有一次嫌给自己当侍中的刁存年口臭严重，命人赐给他一块鸡舌香含在口中，刁存年没见过这种东西，只觉口里一阵辛辣，还以为犯了什么事皇帝赐他毒药，就战战兢兢含着这块鸡舌香退朝，吐出来带回家和亲人诀别，闹了个大笑话。以后北魏的《齐民要术》上说："鸡舌香俗人以其似丁子，故呼为丁子香。"这大概是丁香名字最早的出处。南北朝志怪小说集《幽明录》还记载过一则有关鸡舌香的鬼故事：有个小吏勾搭上一位神秘女子，有一天他感叹也想有鸡舌香可以口含，那女子立刻掏出满把的鸡舌香给他含，可这女子却是成精的老獭，给他的鸡舌香不过是臭獭粪。可见当时人还很稀罕这种香料。

唐代已经有人明确提到丁香是从东南亚马鲁古群岛进口的，那时候阿拉伯人、中国人和爪哇人都有参与香料生意。唐以后中国人逐渐在烹调中使用丁香来调味，中医则把它入药分别用于治疗毒肿、恶气。大概唐朝人因为紫丁香这种新挖掘出来的本土观赏花木的花朵细小、散发香气，和进口的香料"丁香"在形、味上有类似之处，就命名为"丁香树"了。

中国通过朝贡交换、海陆商业交易方式从阿拉伯、东南亚人进口香料的规模在唐代前期有爆炸式的增长，这是当时皇室和权贵的奢靡消费引来的新因素，但是似乎并没有对中国庞大的农业经济造成多大冲击，而在欧洲，这种新奇的东西掀起了巨大的波澜，成为文艺复兴、地理大发现这样的关键事件的背景。

Penang　　Zanzibar　　Branch of Clove Tree　　Ripe Fruit

《丁香》，1915 年，手绘图谱，
引自 *Spices: Their Nature and Growth*

丁香贸易比人们之前认为的要早得多，5000 年前东南亚出产的肉桂、胡椒、丁香可能已经运到中东地区消费，在叙利亚出土的一个陶罐中发现有公元前 1721 年的丁香，应该是沿着马鲁古群岛、印度西南海岸、波斯湾、幼发拉底河谷再传入到巴比伦等地的。《圣经》里也提到约瑟曾被自己的亲兄弟卖给香料商人做奴隶。

东南亚的香料跨越波涛险恶的大海进入南亚地区，之后和印度的香料一起远播欧洲。古罗马作家老普林尼提到过丁香，他还抱怨香料贸易让罗马流失了大量的金钱。即使罗马帝国解体以后，丁香、黑胡椒、肉桂、豆蔻等东方的香料还主宰着欧

《荷兰东印度公司商船抵达印度南海岸》，1600 年，插图，亨德里克·科内利斯（*Hendrick Cornelisz*）

洲各地权贵的口味。除了烹调，香料也被用来制作春药、滋补剂。公元 8 世纪到 11 世纪初，西亚的阿拉伯人和印度古吉拉特邦的商人控制南亚的香料贸易，而犹太商人、威尼斯商人则从中东采购香料带到欧洲出售。

可以想象一下，如果阿拉伯人从印度尼西亚群岛、印度搜求到香料，全程由驼队一路越过沙漠险山走到伊斯坦布尔可能需要好几个月到一年时间，这并不合算。因此这个时候的香料贸易很多是中短途的商人在这条商业路线的各个中转城市之间奔忙，绝大多数物资经过多方转手才能到达欧洲。因此即便中东的阿拉伯商人也未必都清楚香料的来源，不管是为了保密还是为了增加这种商品的"文化附加价值"，从香料贸易中得到最大利益的阿拉伯商人还发挥想象力，在诸如《一千零一夜》的书籍中给货品编撰出各种神奇故事，比如说生姜和桂皮是埃及渔夫从尼罗河打捞上来的天赐神物。

可是到了 13 世纪，蒙古人和奥斯曼土耳其人的统治切断了传统的陆路运输路线，海上贸易兴起，威尼斯人通过控制地中海到亚历山大港的航路，逐渐垄断了欧

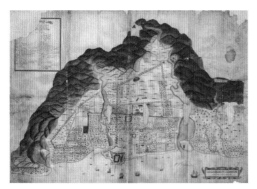

《马鲁古群岛首府安汶鸟瞰图》，1693 年，插图，
霍格布姆（ Andries Hogeboom ）

《荷兰东印度公司在阿姆斯特丹的泊位》，
1726 年，插图，米尔德（ Joseph Mulder ）

洲的香料贸易，这也是促成意大利各城邦文艺复兴的财富基础。丰厚的利益和各种
神奇传说——包括马可·波罗在《东方见闻录》说的黄金国（ El Dorado ）——后来
还刺激西欧海洋国家的冒险家去寻找新的航路。

　　15 世纪葡萄牙人和西班牙人外出冒险的主要目标就是寻找通往东方香料之国的
新路，刚登陆新大陆的哥伦布开始还以为自己发现的是出产香料的印度群岛，于是
向赞助者们描绘在那里发现的种种"香料树"。地理大发现让葡萄牙人在 16 世纪统
治了东印度的香料贸易，当时 11 公斤丁香大约等值 7 克黄金。1600 年荷兰与马鲁
古群岛最大的安汶岛（ Ambon ）的领主签约，逐渐取得香料的专卖权，成为海上马
车夫。荷兰东印度公司为了垄断，甚至拔掉除安汶岛和特尔纳特岛 (Ternate) 以外其
他岛屿上的丁香树来保证自己的丁香园获得最大利益，私自种植丁香树的人会被判
死刑。17 世纪初期，从香料群岛采购一船香料，只需 3000 英镑左右，而卖到英国
市场上则价值 36,000 多英镑。

　　不过 1700 年以后，荷兰从香料贸易中的获利逐渐下降，部分原因是当时的欧洲

鲜肉已可以整年供应，对腌制肉品需求下降，同时维持长途运行的商船费用也偏高。1770 年法国驻毛里求斯的总督皮埃尔·坡瓦（Pierre Poivre）把肉豆蔻、丁香的幼苗移植到非洲东岸，英国也在英属东非殖民地广泛种植香料植物，供应增加而需求相对减少，香料贸易的重要性自然就不复从前。全球贸易和技术进步带来的高速交通、保鲜技术、食物消费多样化让香料变成了寻常的商品。现在，丁香这样的香料已经没有以前那样神秘。

我印象中对香料最为热衷的是印度人，那里各个城市的集市里最显眼的就是香料店铺、摊位，磨成粉末的各色香料堆成一个个圆锥形。从加尔各答到孟买，一路上的餐馆都散发出各式香料调制出的咖喱味，我曾努力让自己习惯这种味道，可让我觉得戏剧性的是最后在孟买的一家中餐馆却看到福建厨师在用中国出产的"五香粉"给自己炖肉，他抱怨说："印度香料味道太怪，我吃不惯。"

虞美人与罂粟：

虞兮虞兮奈若何

　　"霸王别姬"的故事在中国太著名，相比之下虞美人（*Papaver rhoeas*）这种花在植物中还是挺低调的，四片花瓣艳红，而中央有一丛黑色的细点，也许就是霸王无奈的黑脸吧。这种植物原产在亚洲、欧洲和北非，在欧洲的叫法是田野罂粟、佛兰德斯红罂粟、红杂草等，因为它和用于制造鸦片的鸦片罂粟（*P. somniferum*）是同属的植物，长得也很像。

　　虞美人是罂粟科罂粟属的数百种植物之一，它的枝干、花朵里也含一些微量的生物碱，不过没有吗啡，所以是可以私人种植的。在欧洲，虞美人是耕地里常见的杂草，因为种子包裹在硬壳内，能在泥土内休眠三五年，在土壤翻耕时才发芽。第一次世界大战时应征入伍的加拿大医生约翰·麦克雷（John McCrae）在西线战场目睹朋友的死亡，之后他写诗《在佛兰德斯战场上》描述了红色虞美人花在风中摇曳的情景，那以后这鲜红如血的花朵就成为在这次前所未有的激烈战争中逝去生命的士兵的象征。那是鲜血的颜色，也是摇曳着的一点希望。

　　在中国，江浙许多地方都种虞美人。春天没开花的时候蛋圆形的花蕾外面包着两片绿色白边的萼片，在直立的花梗上恰似低头的

Flora Danica Tab. MDLXXX.

《虞美人》,
1761～1883年,
手绘图谱,
引自 *Flora Danica*

少女一般。等花蕾快绽放的时候萼片会脱落，虞美人直起身子，像薄绸一样的四瓣花冠远看上去似乎有点脆弱，但她无风亦似自摇的样貌确实优美，因为花瓣轻薄，所以那种红色不像月季、牡丹那样过分饱满，而是处于素雅与浓艳的中间，若隐若现。虞姬有勇气拔剑自刎，正是一种浓艳到极致的凄美，就像后世文人喜欢写的红妆烈士一样。

虞美人是常见的观赏花卉，罂粟却是各国都严格禁止私人种植的，常有人因为种虞美人遭到举报，因为邻居们很难分辨这两种花的区别。其实仔细看的话虞美人的枝干有比较明显的糙毛，分枝也多、纤细，而罂粟全株比较光滑，茎、叶、花、果都比虞美人壮实，罂粟的花几乎比虞美人大一倍，结出的蒴果则比虞美人的果实大两三倍，破开的话能看到流出的白色乳汁，里面含有约 10% 的吗啡等生物碱，晒干了就是生鸦片，从中可以提取吗啡、海洛因。因此，罂粟是制作毒品的重要原料之一，有"恶之花"的坏名声。

我小时候接触过罂粟花，因为有个亲戚在一个兵团农场工作，那里因为制药的需求，一直在国家严格管制下种植罂粟。5 月份花开的时候一片粉红色，我曾经远远观望过，可惜有武警守卫不能进去观赏。等到 7 月"割烟"的季节，农场会在附近招人去抢收鸦片汁。每天早上工人们依次进入田地，用三角形的刀片割开一个个新鲜的罂粟壳，接着，在向阳的一面划三道斜口子，背面划一道，顺着这些划痕会流出白色的汁液并慢慢凝住，然后工人用刀片轻轻刮下来放在盒子中。工人们每天忙完以后，先上交盒子里的成果，然后全面搜身以防有人偷带生鸦片出去。可是也有些"聪明人"想出一些另类的法子，比如边收割边在自己衣服上不引人注目的地方使劲涂抹，回家以后把这件衣服放到热水里煮熬，也能弄出一小粒鸦片来。当然，并没有人真的吃鸦片烟，只是有时候感冒什么的用来治病——其实很多感冒药就含有从鸦片里提炼出来的成分。鸦片的提取物也是多种镇静剂的来源，如吗啡、蒂巴因、可待因，都对中枢神经有影响，能起到兴奋、镇痛和催眠的作用。罂粟碱、那

《罂粟》，
1887年，
手绘图谱，
米勒（W. Müller）

可汀等对平滑肌有明显的解痉作用。

我故乡的小城有一段时间传说，有餐馆煮牛肉面汤时用罂粟壳调味，这样可以让食客们上瘾。但人们也不是特别在意，反正罂粟壳要让人上瘾大概并不容易。对传统中医药来说，罂粟壳也是种药材，又名"御米壳"或"罂壳"，是去掉蒂头和种子以后晒干醋炒使用的，可以用来镇痛、止咳、止泻。

罂粟原产于地中海东部山区及小亚细亚、伊朗、土耳其等地，小亚细亚人最先开始种植，并用生鸦片作为止痛、镇静和安眠药剂，5400年以前美索不达米亚北部的苏美尔人就已开始种植罂粟这种"快乐植物"，3300年前鸦片就成为地中海沿岸埃及、腓尼基、米诺斯、希腊等地交易的货物。古代祭司很早就察觉到鸦片可以让人忘却痛苦和刺激精神状态，在祭祀仪式中点燃或服用可以让人感觉陶醉。

在古埃及，使用鸦片一般限于祭司、魔术师和战士。在克里特岛发现的米诺斯文化遗址中，安乐女神戴着由三枝罂粟组成的神冠。古希腊神话里统管死亡的魔鬼之神许普诺斯的儿子玛非斯手里拿着罂粟果，守护着酣睡的父亲，以免他被惊醒。荷马在《奥德赛》中记述斯巴达国王墨涅拉俄斯在款待忒勒玛科斯的宴会上，宾客们回想起特洛伊战争中死难的战士时哭泣不已，墨涅俄斯的妻子海伦在他们的酒碗里轻轻倒了一种药，人们喝下这碗药酒后没有再流泪，这种可以消除悲伤和焦虑的药物中也许就含有鸦片成分。

公元前 1600 年，古埃及的医学论文最早提到鸦片可以治疗婴儿夜哭症。一千年后的古希腊"医学之父"希波克拉底将鸦片用于治疗内科疾病。公元 1 世纪鸦片经埃及、希腊传入欧洲大陆，那时候小亚细亚已经把罂粟种植当商业来经营。在中世纪，作为东西方贸易中介的阿拉伯商人将有关鸦片种植及其功能的知识传遍东方各个角落；阿拉伯人也把鸦片当作镇痛药使用。在印度，传说莫卧儿王朝的王室贵族曾用鸦片调制出一种饮料，可以用来让对手萎靡不振乃至精神失常。

基督教世界在中世纪敌视这种具有魔力的药物，到 16 世纪瑞士人霍恩海姆 (Philip von Hohenheim) 发现鸦片在酒精中比在水中更易于溶解，于是发明了鸦片酊这种黑褐色液体药物，里面含有的鸦片成分对疼痛、失眠、忧郁、疲乏、胃肠不适、腹泻等许多疾病有镇痛、治疗的效果，因此号称万灵神药，售价昂贵，直至 19 世纪依然是最流行的成药。鸦片作为药物一直使用到 19 世纪，美国南北战争中联邦军队用鸦片粉、鸦片颗粒作为镇痛药，美国总统威廉·亨利·哈里森在 1841 年为了治病也服用过鸦片药物。相应地，欧美也出现了一些鸦片成瘾者，其中多数是妇女，她们往往是为了缓解痛经才服用鸦片制剂。

但是这时候中国的鸦片滥用现象越来越严重，华人还把这种习惯带到欧美的唐

《野外的虞美人》，1873 年，油画，莫奈，巴黎奥赛美术馆藏

　　莫奈的绘画注重对天空、大气和人物在大自然的光照中的复杂色彩的呈现，山坡上的红色的野花开得如火如荼，前面的女人和孩子与正在后面跟来的另一对母子渐次走进野地深处。此画看似潦草，却捕捉到了春天那种蔚然的生意和气息。

　　人街，这很快引起当地人对于鸦片成瘾的担忧。尽管如此，出于精神娱乐目的服用鸦片的行为在中东和印度早就出现了，据说奥斯曼帝国士兵在作战前如果找不到酒，就喝罂粟汁来壮胆。

　　之前有人考证说，魏晋南北朝时波斯的罂粟花就已传入中原，因为陶弘景在《仙方注》里记载过一种植物："断肠草不可知，其花美好，名芙蓉花。"这好像有点道理，罂粟的阿拉伯语"Afyun"翻译过来就是"芙蓉""阿芙蓉"。值得注意的是，魏晋时候何晏、嵇康等名士还服食石钟乳、石硫黄、白石英、紫石英、赤石脂等配成的"五石散"，带动形成服用"毒品"的风气。据说服用"五石散"可以去寒补虚，兼有壮阳的效用，吃了以后身体发高热，皮肤容易磨损，所以只能着屐和宽大的衣服散步借以散热。这种道士炼制出的药物有没有成瘾性还无法判断，但是无疑对身体有巨大危害性，在唐以后就少见人吃了。

唐乾封二年（667 年）拂菻国（有人考证认为可能是东罗马帝国）的使节带来一种叫"底也伽"的药物，主要成分就是鸦片，说是可以用来治痢疾、解毒。来唐朝做生意的阿拉伯人也把罂粟的种子带到中原，一些人开始种植罂粟花用于观赏，唐文宗时的郭橐驼还认为："莺粟九月九日及中秋夜种之，花必大，子必满。"因为罂粟的果实"形如箭头，中有细米（种子）"，所以又有米囊花、御米花、莺粟的名称。

在宋代，罂粟既是一种观赏花卉，也是医药学家采集的药材，罂粟花被用于治痢疾，罂粟子、壳则是用来养胃、调肺、利喉的滋补品，当时人常把罂粟的子、壳炒熟，研成粉末，加上蜂蜜制成蜜丸服用，苏轼还在诗里写过"道人劝饮鸡苏水，童子能煎莺粟汤"的事情，可见道士们最为熟知这种"上瘾药物"的用处。到元代，名医朱震亨已经发现罂粟有严重的毒副作用，指出"其止病之功虽急，杀人如剑，宜深戒之"。这时候印度已经有很多部族的人服食鸦片，蒙古在中亚、印度的征战中搜刮来的战利品之一就是鸦片，因此极少数蒙古权贵也开始抽鸦片成瘾。

明代史书记载当时东南亚的暹罗（泰国）、爪哇、榜葛赖（马六甲）等地都出产乌香（即鸦片），还作为"贡品"献给明朝皇帝，有一次暹罗国王入贡过 300 斤鸦片。当时市面上鸦片价格昂贵，几乎与黄金相当。南洋和葡萄牙商人开始把鸦片当作商品运到中国出售。随着鸦片进口逐渐增加，到万历十七年（1589 年）鸦片首次被明朝政府列入征税货物清单之中，说明已经有一定的输入规模，东南沿海的富绅地主食用鸦片的人已经为数不少，但是中国自己并不成规模地种植罂粟和制作鸦片。明崇祯年间的旅行家徐霞客在贵州省看到大片罂粟花还感到惊奇，这也许是当时的边民从东南亚引种的。

东印度公司在印度巴特那的鸦片工厂，1882
年，插画

晚清鸦片用具，摄影，1893年芝加哥世界博览会

　　不过早期人们服食的生鸦片毒性很大，吞服过量的话容易中毒身亡，吃的人并不是很多。可是到17世纪上半叶，荷兰占领爪哇以后输入鸦片，当地的苏门答腊人发明出制作熟鸦片的方法，将鸦片浆汁煮熟以后滤掉残渣，与烟草混合成丸放在竹管里点着吸食，或者做成小丸吸食。这种更纯一些的烟土不仅味道芬芳、麻醉性强，而且更容易上瘾，很快就在附近地区流行起来。

　　熟鸦片如何传入中国有两种说法，一说是1624年荷兰人把鸦片和烟草混合吸食的方法传入东南沿海的厦门、台湾等海外贸易较发达的地区；另一种考证认为是受南洋华人吸食鸦片风气的影响，当时东南沿海的富绅地主中间开始流行这种叫"阿芙蓉膏"的玩意。

　　一直到清朝中期，鸦片的进口量并不是特别大，可是在雍正以后进口量越来越大，乾隆年间开始流行用竹管制成的烟枪吸食鸦片，在矮榻上对卧递吹成为时尚。鸦片战争（1840年）前夕，清朝每年进口的鸦片多达四万余箱，约四百万斤，英国将鸦片当作贸易品经营，尤其是英国东印度公司把印度产的鸦片大量卖给私人经销商，后者走私到中国获利。鸦片成了大众性毒品，造成"亡国弱种"的担忧和大量白银的外流——这似乎是道光皇帝派遣林则徐禁烟的主要缘由。奇怪的是，雍正七年（1729 年）皇帝已经颁布严禁贩卖鸦片烟及开设烟馆的命令，但却越禁越多——由此可以看出当时官僚系统已经严重腐化，管理制度也跟不上时代，所以道光十九年（1839 年）林则徐的虎门销烟行动，点燃了清朝和西方在贸易、外交、经济上冲突的火苗。鸦片战争以后，清朝不仅继续进口鸦片，各地还出现种植、制造鸦片的高潮，一跃成为世界上最大的鸦片生产国。1906 年中国生产了占全世界 85％的鸦片，约 35,000 吨，消耗的总数量更是达到 39,000 吨，占全球鸦片产量的 90％以上。

在欧洲文学中，鸦片扮演了某种东方异国情调的角色。托马斯·德昆西在 1822 年出版的《一个英国鸦片服用者的自白》中描写了吸毒成瘾者的详细感觉，柯尔律治的诗歌《忽必烈》也同样有吸食鸦片的描述，在《基督山伯爵》里大仲马也提到鸦片缓解了伯爵病痛。当时欧洲人是以个人服食的方式吃鸦片，而没有鸦片馆这样的场所。

华人把吸食鸦片的爱好和鸦片馆带到了旧金山、伦敦，这马上就成为某种形式上的象征符号，像马克·吐温描述的："在每个邋遢，像黑洞般的小破屋里，燃香的味道淡淡飘出。屋里黝黯一片，但仍可见两三个面色蜡黄、拖着长辫的无赖，蜷曲在矮床上，一动不动地抽着鸦片。极度地满足，两眼无神。"到 19 世纪晚期，烟雾缭绕的大烟馆成为"华人街邪恶文化"的一部分，在新闻报道和文学作品中，鸦片往往和妓女、赌博、暴力联系在一起，会败坏白人社会，因此引发越来越强的禁止声音。这时候关于鸦片毒害性的医学解释开始得到强化，加拿大、美国好多地方相继通过禁止鸦片的条例，到 20 世纪初许多国家全面禁止吸食鸦片，1912 年国际禁烟会议签订《海牙禁烟公约》，也确立鸦片为国际公认的毒品。

现在主要的罂粟产地是印度、土耳其、中国，这是在政府监督下为医药目的进行的生产，而阿富汗以及中国、泰国、缅甸边境的金三角则为主要非法种植地区。金三角地区最早种植的罂粟是 19 世纪中后期英法殖民者引入缅甸和老挝境内的，由于是三不管的边境地区，所以在 20 世纪七八十年代成为全球闻名的鸦片种植区和毒品加工基地。

以鸦片为起点，不断有更高纯度的成瘾物质被提炼出来。19 世纪中期人们从中提纯出一种生物碱吗啡，一开始当作镇痛剂使用，可很快就有人吸食上瘾，它比酒和烟草的副作用更严重。1874 年，任职伦敦圣玛利医院的化学家伟特（C.R Wright）最先利用吗啡加上醋酸酐，在炉上燃煮、提纯合成出海洛因。海洛因的止痛效力远高于吗啡，最初也是用作强效止痛药。海洛因（Heroin）这个名字是拜尔药厂注册，在德语里是英雄的意思。拜尔的化学家荷夫曼（Felix Hoffmann）——他也是第一个制成阿司匹林的人——在 1897 年把海洛因制成药物出售，还做过儿童止咳药，可是很快吗啡吸食者发现这种白粉比吗啡还过瘾，化学家也发现它在人的肝脏中会转化成吗啡，具有成瘾性，1910 年以后它不得不退出医药市场，但私下制造海洛因却成为地下经济的一大产业，后来吸食者不仅口服、鼻吸，还开始静脉注射。

和罂粟类似的是原产美洲的植物古柯，当地的土著部落很早就咀嚼古柯叶子来提神。古柯叶也是高热能的，每 100 克古柯叶中含 305 卡路里的热量，所以欧洲人也曾提议给海员们提供古柯叶，提高他们的劳动效率。也是德国人最先用古柯来制药，1855 年，德国化学家弗里德里希（G.Friedrich）首度从古柯叶中提取出麻药成分，后来他的同事纽曼（A.Newman）又精制出更高纯度的物质并命名为"可卡因"（cocaine），最初是在医学上用作麻醉药，也有含量很低的药酒问世。著名的心理学家弗洛伊德还在 1884 年推荐使用可卡因作为酒精与吗啡上瘾的替代药品。1886 年问世的可口可乐最初也曾添加了微量的可卡因，不过 1906 年后就去掉了。那时候已经有不少人滥用可卡因，因此 1914 年美国宣布可卡因是禁药。相比海洛因，可卡因在 20 世纪 80 年代才变得重要起来的，它是效力最强的中枢兴奋剂之一，现在还是南美洲地下经济的主要出口产品。

和罂粟、古柯并称三大毒品植物的大麻，现在的命运要好一些。野生大麻在亚欧大陆广泛存在，中国人在六千多年前就种植大麻了，它的韧皮纤维可以用于纺织、制造麻线、纸，籽可以榨油，中药中还有"火麻仁"这一味药。广东一种叫"火麻仁"的凉茶是把大麻种子和芝麻用慢火炒到金黄色后，放入搅拌机加水打到幼滑，用纱布隔渣，再将滤出的火麻仁汁加糖调味后煮沸而成。

不过中国本土的大麻植物含有的四氢大麻酚成分很少，因此并不是制作大麻烟的好材料，有致幻效果的大麻主要是阿富汗、摩洛哥等地出产的"印度大麻"。的确，印度人是最早吸食大麻叶的，古代《吠陀经》里说的用于祭祀的致幻药物也许就和大麻有关，现在某些印度教的修士还用到这玩意，而古代色雷斯的巫师也通过燃烧大麻的干花来达到灵魂出窍状态。有科学家研究称大麻的成瘾性并不比烟草更严重，它在医学上也有减轻疼痛的作用，但是因为它有某种成瘾性和危害性，20世纪中后期多数国家都禁止吸食、贩卖大麻，对类似麻醉毒品有严格管制。

1970年代末，基于一系列社会调查和科学研究，荷兰政府认为花费巨大成本管制大麻这类危害较小的"软毒品"得不偿失，因此有条件地允许成人在特定的大麻咖啡馆合法吸食大麻，引起国际广泛瞩目，还有其他国家的人为此到荷兰进行"大麻观光之旅"。这也引发其他国家的模仿，比如美国截至2016年已有19个州允许为了医疗目的拥有和使用大麻，科罗拉多州则允许成人在大麻商店购买一定数量的大麻休闲吸食。

郁金香与番红花：

他乡何妨当故乡

　　提到郁金香，也许你马上就想到了欧洲、荷兰，因为那里以种植郁金香著名，是旅游推广的一大卖点。"郁金香"对很多人来说都意味着欧陆风情，代表的是一种饱满的红色、黄色、白色，那种饱满甚至鼓胀的感觉就像欧洲的姑娘一样健美。可中国汉唐书籍上也记载了公元 3 世纪一种叫"郁金香"的香料、药物，唐朝的诗人也写过好多关于"郁金香"的诗，这些文献产生的年代都远在荷兰这个国家形成之前。

　　这两者并非一回事：现在人通常说的郁金香（*Tulipa gesneriana*）是 20 世纪 30 年代才从海外引进中国的百合科观赏植物，而古代中国说的"郁金香"首先指的是一种来自西亚的香料——郁金，其次是指用于提炼"郁金"的植物番红花（*Crocus sativus*），这是种鸢尾科植物，又名藏红花、西红花，它的花中央细长的花柱能用来制作染料、香料。也就是说，民国以前中国人说的香料"郁金香"和民国以后中国人说的花木"郁金香"其实是两回事，虽然它们都是从国外引进的。

85 Cameleon.
169 Matelas rose.
58 Dorothea (fin.).
115 Grootmeester van Malta.
111 Gouden Standaard.
168 Ville de Haarlem.

Oh lith & par. de Boets Van Houtenni.

TULIPES HÂTIVES *à fleurs simples*

《郁金香》，

1845 年，

手绘图谱，

引自 *Floredes serres et des jardin de l'Europe*

郁金：一种神秘的香料

中国汉代和唐代记载西域、印度的尸罗逸多、摩迦陀等国君主献给中原皇帝的供物中有一种叫"郁金"的昂贵香料，是用番红花——这是个后起的名字，原来就叫"郁金"——的花柱制成的。

开青紫色花朵的番红花原产地是欧洲南部地中海沿岸和亚洲西南部，伊拉克发现过五万年前以番红花作为颜料绘制的岩画，后来附近的闪族人把番红花作为一种急救药使用，作为香料则在公元前 1000 年希伯来人的《塔纳赫》(Tanakh) 中有记载。

在地中海东部希腊克里特岛王宫遗址的壁画上，绘有年轻姑娘和猴子在采摘番红花的场景，这表明至少在公元前 1500 年的克里特文明时期，人类就开始栽培番红花。古希腊、罗马、埃及人都把番红花作为治疗胃肠病的药物，同时也作为香料——功能之一是催情。据说埃及艳后克娄巴特拉喜欢用番红花颜料化妆，还和罗马皇帝一样，都喜欢在沐浴时加入番红花来个"香水浴"。不过罗马帝国晚期，对番红花的热情好像大大降温，此后几百年西欧人对这种植物不闻不问。直到公元 10 世纪北非的摩尔人把番红花移植到西班牙，后来十字军东征也从中东引种了一些。也许是受到摩尔人的影响，现在西班牙、意大利、法国的一些菜式中用番红花调味，最著名的就是西班牙海鲜饭。

在公元前 10 世纪，番红花是波斯人供奉给神的花朵之一，也用番红花来制作香料和染地毯——因其含有类胡萝卜素，可以染出金黄色。另外，日常也使用番红花作为调味品，直到现在伊朗人还在大米饭或馕上加入番红花来提味、调色。横扫波斯的亚历山大大帝和他的希腊士兵把番红花沐浴的习惯带回马其顿王国，番红花的培植也就来到了今天的土耳其一带。

由于番红花比较稀有，富贵人家才用得起，在波斯和中亚很多人常以红花（Carthamus tinctorius）冒充或代替。红花是双子叶植物纲菊科一年生草本植物，

《番红花》，1833年，手绘图谱，雷杜德

《采摘番红花》，公元前15世纪，壁画，
希腊圣托里尼岛阿克罗蒂里遗址

花是橘红色的，与番红花不同。另外，印度人常以姜科植物姜黄（*Curcuma longa*）的根茎代替番红花做药材或调味，因其没有番红花的香气而被西方戏称为"印度番红花"。在古代，波斯人把番红花引种到克什米尔，从中提制的原料一度被用来治疗忧郁症，人们还蒸馏番红花柱头得到一种金色水溶性染料。据说释迦牟尼去世后的裹尸布就是用番红花染的，之后佛门弟子一直以番红花染的颜色为法衣的正式颜色。佛教徒也用番红花礼佛，佛经中记载，"郁金"不仅燃烧用于法事，还可用于涂抹、洗浴、治病。

《礼记》中记载周朝人用调入"郁"的鬯酒进行祭祀，商代的甲骨文也有"郁"

字，当代学者饶宗颐考证认为"郁"就是郁金香料番红花，它早在商代就被输入中土了。不过多数学者认为郁金香料是在汉晋之际随着佛教的东进输入中国的，佛经里把它翻译成汉语"荼矩摩"。郁金香料作为中药最早见于公元741年的《本草拾遗》，除了入药，它也是流行的薰香，经过特别处理的郁金香料洒在衣服和帘帷上会散发出持久的香味，卢照邻的"双燕双飞绕画梁，罗帷翠被郁金香"说的就是这股旖旎的风味。还可以用来泡酒，比如李白就写过"兰陵美酒郁金香，玉碗盛来琥珀光"的诗句，也许就是用郁金香料泡过的颜色橙黄的米酒。

可是中原地区并不能种番红花，唐代以后西域的香料进贡大大减少，所以郁金就不常出现在诗文典册中了。直到元代蒙古人远征波斯的时候把大量番红花当战利品带回来，内地才有了新的记录。番红花作为植物名字被记录下来是在元代的《品汇精要》中。因为番红花干货多由印度、尼泊尔经过西藏传到中原，所以后来《纲目拾遗》《植物名实图考》的作者误以为它是西藏所产，再加上其色红如菊科药用植物红花而被称为"藏红花"，习用至今。好玩的是，伊斯兰化之后的波斯植物学家反倒误认为当地的这种植物引种自中国，而称番红花为"中国罂粟"（*Gul-ikhashkhash*）。

现在，伊朗、土耳其、西班牙是主要的番红花出产地。番红花开花以后每朵花中央有3根线形深红色柱头。用手剥出这些柱头，扎捆，放在干燥的房屋内晾干或低温烘干就可以获得全世界最贵的香料——大约20万朵番红花中摘到的雌蕊柱头晒干后才有1000克，不仅用来调味，也有药用价值。在中医里主要被当作活血通络、化瘀止痛的药材，特别是以养血闻名。

郁金香：东方和西方的位移

今天世界各地的植物园都把郁金香作为主要观赏花卉，而且人们习惯把它与荷兰联系在一起。虽然荷兰人在近代确实着力培育郁金香，但荷兰却并非郁金香的原产地。

野生的郁金香在南欧、西亚、中亚一直到中国西北都存在，最近几十年科学家还在青藏高原、新疆天山南北和秦岭等地发现过二十几种野生郁金香。不过它们并不是现在我们在城市中看到的栽培郁金香品种。

最早人工栽培百合科植物郁金香的大概是波斯人，13 世纪的波斯诗人就赞叹它艳丽的色泽，当时波斯人因为它的花朵形状与穆斯林头巾相似而用波斯语称之为"dulband"，后来土耳其人也用自己的语言称作"tulbend"，意即"头巾"，这也是现在郁金香西文名称的源头。在 16 世纪最大的帝国之一奥斯曼土耳其的首都伊斯坦布尔，贵族富商大量种植郁金香、风信子和玫瑰等植物，据记载土耳其的穆拉德三世曾向安纳托利亚南部马拉斯的长官一次订购 10 万株风信子，可见当时的种植规模之大。

前往土耳其的欧洲使节、商人、学者无法不注意到土耳其人对花木的热爱，法国博物学家皮埃尔·贝隆在 1546 年探访当地城市时感慨："没有人比土耳其人更乐于用花卉装饰自己，也没有人比土耳其人更多地赞美花卉。他们不重视花朵的香气，却非常在乎它们的外表。他们经常在穆斯林头巾的褶皱里插上几朵不同的花束，工匠们也经常用盛水的容器装上几束花。而且，和我们一样，他们非常精于造园，不惜代价弄到外来植物，尤其是精美的花卉。"贝隆当时已经看到有商人把土耳其的球茎植物运往欧洲出售。

通常认为哈布斯堡王朝斐迪南一世派往君士坦丁堡的大使奥吉尔·德布斯贝克在 1558 年第一个向欧洲人描述了郁金香这种花木，可是 1559 年康拉德·格斯

《手拿郁金香的夫妻肖像》，1609 年，油画，米勒费尔特（Michiel Jansz. van Mierevelt）

纳就记录了现在的德国阿列曼尼亚州奥格斯堡有人种植郁金香，所以到底是谁第一个把郁金香带到欧洲并不确定。1573 年德国人莱昂哈特·劳沃尔夫曾从土耳其带回 800 种不同的植物，其中包括野生大黄和一种带黄色条纹的郁金香球茎，它们中的一些至今还生长在荷兰莱顿市的植物园里。当时引种的球茎植物除了郁金香，还有多种鸢尾、风信子、银莲花、水仙花和百合花等，大量新奇植物的引种促进了欧洲人对于植物贸易和科学研究的兴趣。

1593 年，曾任奥地利维也纳皇家药草植物园负责人的克鲁西乌到荷兰莱顿担任大学教授，他是郁金香早期研究和传播的关键人物，是他把奥地利的郁金香球茎带到荷兰种植和研究的。在他的推动下，这种花似乎很快就受到当地人的喜爱，他创立的大学教学花园在 1596 年以后经常遭到"采花大盗"的光顾，有一次有上百个郁金香球根被人偷走。

"采花大盗"的出现证明郁金香买卖的兴盛，1610 年巴黎女子们就以拿郁金花当胸花为时髦，球根贸易和种植成为有利可图的商业行为。1634～1637 年间终于出现了有名的"郁金香热"，一株珍奇郁金香最高价格达 1600 荷兰盾，各种球根成为投机客竞相追逐的投资对象，当价格暴跌后许多富裕的商人一夜之间成为乞丐。不过这并没有什么奇怪的，就像最近三十年来中国也兴起过炒作君子兰、邮票、普洱茶、红木等投机热潮一样。有意思的是西欧这时候培育出很多杂交的新郁金香品种，反倒开始向土耳其出口郁金香球根，18 世纪初的艾哈迈德三世就以举办奢侈的郁金香舞会著称，每当郁金香开花的时候他就召开大型舞会，在塔楼上以众多郁金香花作装饰，客人们要穿与花朵匹配的服饰，而照明的灯光来自缓缓行走的大乌龟背上驮着的大蜡烛。

郁金香花原是纯色的，但是当人们竞相追求花色特别的郁金香后，各路人马都开始培育杂色花纹的植株。20 世纪 30 年代经植物病理学家研究证实，杂色郁金香的花纹最初是由蚜虫传播的一种病毒感染造成的结果，通常病症是叶子变黄，鳞茎变小直至死亡。不过这种杂色花纹却激起荷兰花农培育出可以稳定遗传的两色郁金香的渴望，用杂交的方法育成名为"Keizerkroom"的红黄两色郁金香。近年还培育出花瓣灿烂如鹦鹉羽毛的三色鹦鹉郁金香、形似牡丹的复瓣牡丹郁金香。

虽然郁金香在阴湿的荷兰是那样出名，但是梵高没有画过它，反倒跑到阳光明媚的法国阿尔去画向日葵和鸢尾。也许，在日光中盛放的、张开的花朵比娇柔的郁金香花苞更能刺激他的艺术敏感。对梵高来说法国南部的阳光也是一种特异的情调，连当地最有泥土气的花朵也能打动他的心灵。

曾有个流传甚广的故事说第二次世界大战期间，有一年冬季荷兰闹饥荒，很多饥民便挖出郁金香的球根来作食物维持生命，后来他们感念郁金香的救命之恩，便

《郁金香苗圃》，1882 年，油画，让－里奥·杰洛姆（Jean-Léon Gérôme），巴里摩尔沃特艺术博物馆藏

　　画中描述了荷兰郁金香投机期间一个贵族看着军队在抢夺郁金香。那时候荷兰种植郁金香是项生意，很多人投资用于再把郁金香种子出售获利，因此涉及很多经济和司法事件。

以郁金香为国花。这显然是不可能的，因为郁金香的球茎有一定毒性，如果吃了会引起呕吐、拉肚子，接触花朵、叶子也可能出现过敏，所以我想荷兰人没必要自找麻烦，在填饱肚子这方面土豆比郁金香更靠得住。

　　现在，郁金香是欧洲很多公园的主流花木，有一年 10 月我在德国波茨坦看到工人忙着种圆锥形的郁金香鳞茎球，它们要在土壤下休眠半年，来年 3 月才从地下伸展出茎叶，4 月才开花。郁金香的花像高脚杯站在花茎顶上，有鸡蛋那样大小，最常见的是黄、红、紫色，但是几百年来园艺学家培育出了杯形、碗形、卵形、球形、钟形、漏斗形、百合花形等各种形状，白、粉红、洋红、褐、橙等各种颜色的品种。

19 世纪法国作家大仲马还在传奇小说《黑色郁金香》里写过人们如何争夺这种"艳丽得叫人睁不开眼睛，完美得让人透不过气来"的奇花，其实就是人工杂交培育出来的暗紫色花而已。

19 世纪末上海已经引进欧洲的郁金香球根加以种植，从 20 世纪 30 年代起，庐山、南京、北京、上海、广州从欧、美、日引进郁金香布置花坛或者在花店出售，除了郁金香这个嫁接传统典故的名字，一般还俗称为"洋荷花""旱荷花"，因为它花苞独立而又艳丽的样子类似荷花。1977 年，荷兰女王贝娅特丽克丝访问中国时，曾将郁金香作为礼物赠送，种在北京的中山公园内。但是它真正流行起来还是在 20 世纪 90 年代以后，随着中国的城市化建设，很多城市都引进这种便于统一规划安置的花木作园艺花样。

现在中国的花园也学习欧洲，常用不同颜色的郁金香花配植成几何图形的花坛，或分品种成片种植在草坪、林内、水边，许多人开始喜欢这种大面积的、密集而饱满的花卉之美，而从中国明清的文人美学来说，这种密集、齐整的布局缺乏雅趣和韵味，如果李渔、袁枚复生，恐怕要直呼"俗甚"吧。

曼陀罗花与曼德拉草：

药毒是一家

眼前的白色曼陀罗花（ *Datura stramonium* ）到底是不是佛经里从天空降下的"曼陀罗华"（Dhatura）？

我在佛陀生活过的蓝毗尼、菩提伽耶并没有见到曼陀罗花，也许是我不曾留意吧。但在印度南部海滨小城科钦的野地里，却看到几株矮树丛里垂下几个白色的 6 瓣花朵，形状有点像倒挂的长漏斗，里面有 6 根花蕊，花瓣边沿还长有 5 个尖牙一样的凸起，叶子还散发出有点刺鼻的味道。这种植物通常在晚上开花，散发出浓香吸引飞蛾来帮它传粉。

我看不出来这花如何神妙，回头查资料，根据《妙法莲华经》记载，在佛祖说法时有曼陀罗花自天而降，缤纷如雨。在佛经里常常提到此花，尤其是佛祖释迦牟尼临终"拈花传法"的典故更是牵出许多玄理。可是梵语的"曼佗罗花"以及佛经里提到的摩诃曼陀罗华、曼殊沙华、摩诃曼殊沙华等到底指哪种花，却是后人反复考证也难说清的。

古代僧人说曼陀罗花的形状"团""圆"，能让人感到欣然适意，由此有人推论说曼陀罗花应该是白莲花，摩诃曼陀罗华就是大的白莲花，曼殊沙华是红莲花，摩诃曼殊沙华也就是大的红莲花。

Plate LXI.

《曼陀罗花》，
1853年，
手绘图谱，
n. a.

C.C.Sowerby lith.

F.Reeve imp.

Stramonium.
(Datura Stramonium.)

莲花在水中亭亭玉立的样子确实让人感到安逸宁静，可问题是"天花乱坠"和"地涌金莲"是相对的说法，佛经里提到"莲花"直接就说是莲花，和天空中降下的曼陀罗花好像并不是一回事。

我眼前这种长在乱草丛里的喇叭状的白花就是美妙的天花吗？如果是，我用不着来印度寻找，在中国北方的田间沟旁也常能见到这种花，各地叫的俗名不尽相同，如洋金花、山茄子、疯茄花、醉心花、闹羊花等。

"疯""闹""醉"已经点出这是种有毒的花，它的枝叶、果实和花都含有对人、家畜、鸟类有强烈毒性的东西。其中种子毒性最强，吞食少量的花可能会有幻觉和兴奋感，可多吃就会导致声音嘶哑、乱叫乱嚷，严重的会昏迷、痉挛直至死亡。现代药理学研究发现，曼陀罗花里起麻醉作用的主要成分是东莨菪碱，能够有效抑制中枢神经系统，使意识暂时消失、肌肉松弛、汗腺分泌受抑制。如此说来吃了曼陀罗花的花瓣，会麻醉人，还会带来种种幻觉，这也算是让人感到特殊的"欣然适意"了吧，可我想佛陀那样的觉悟者应该不必借用这种草药来迷惑众生。

曼陀罗花：有生之年

北宋司马光在《涑水记闻》中记载，在湖南当官的杜杞引诱住在五溪的少数民族反抗者出寨与自己会面，"饮以曼陀罗酒，昏醉，尽杀之"，大概这些官员也是从当地村民口中打听到这种花有如此作用，就加以利用吧。当时已经有文人欣赏它的大白花和浓烈的香气，种在院子里观赏。

北宋末期的医书《圣济总录》里，曼陀罗还只是用于治疗箭伤，虽然也是利用其麻醉效果但还没有内服。到南宋时曼陀罗入药就很普遍，其中《扁鹊心书》提到用山茄花（曼陀罗花）、火麻花（大麻花）制作药剂给人服用进行麻醉。可能这效果还是强盗们先发现的，因为南宋有个叫周去非的人到广西做官时，发现白花曼陀罗花遍生原野，九十月间结果，"如茄子而遍生小刺"，当地有盗贼采摘下来晒干粉碎，偷偷放在别人饮食里麻醉对方，然后偷走别人家的东西。好像就是明清小说里写的"蒙汗药"一类的故事。现在印度还有盗贼用这种方式来抢钱，更残忍的是，据说以前印度北方的拉其普特妇女不愿意养育女婴，会把一种剧毒的白花曼陀罗汁液涂在乳头上，刚出生的女婴吃奶后就被毒死。

上述宋代史籍的记载容易让人联想到"麻沸散"。《三国志》中说名医华佗给病人做开刀手术之前，会让病人用酒冲服"麻沸散"，待其"醉无所觉"后再开膛破肚。有人推测"麻沸散"里含有曼陀罗花，可从现在的史料看，到宋代才有曼陀罗花的确切资料，而且宋代人记录的曼陀罗花多长在西南乡野，如此说来，也许这花真有可能是唐宋之际才沿着云南和印度的通路传入中国的。

有意思的是史学家陈寅恪考证指出华佗使用麻醉剂做手术的事具有印度神话的色彩，甚至"华佗"这个人都可能是虚构出来的。陈寅恪的理由主要有两点，一是"华佗"这个字和音的来源是截取佛经中的梵语"阿伽陀"（agada，"华""伽"的古音相同），而"阿伽陀"的意思就是药；二是史书上写的华佗医术与后汉高僧安世高翻译的《柰女耆域因缘经》等所载的印度神医故事雷同，如断肠破腹、口吐赤色虫等都抄袭自佛经故事。也许当时中原真有个名医，他本人或有好事者为夸大他的医术，就把佛经里提到的故事附会到他头上，编撰出新故事四处流传，写史书的陈寿听说以后还以为是"真人真事"，就写入《三国志》了。无论如何，"华佗"和印度的关系的确复杂得让人惊讶，因为传说他模仿虎、鹿、熊、猿、鸟的动作创立了健身方法"五禽戏"，其源头似乎也可以追溯到印度的瑜伽修炼上，瑜伽的起源要远远早于五禽戏，其中有很多姿势就是模仿动物的动作。

事实上印度上古医学的发达程度超过中国，约公元前 6 世纪至公元 4 世纪期间印度出现的医典《妙闻集》中就有专门讲外科手术的章节，诸如切除、切开、乱刺、穿刺、探针、异物拔除、刺络和缝合等都有叙述。《妙闻集》里提到除去残箭的方

《曼陀罗花》，1932 年，油画，乔治亚·欧姬芙（*Georgia O'keeffe*），
圣达菲欧姬芙美术馆藏

法也和后来《三国志·关羽传》讲的"刮骨疗毒"接近。从现代医学的角度来看，史书所载的华佗医术的确太过神奇。曼陀罗花含有的东莨菪碱虽然有麻醉作用，但现代医学认为它的麻醉深度不够、镇痛不强，并不适合做开腹这类大手术。

和白花曼陀罗花同样属于茄科曼陀罗属的还有十几种植物，样子、毒性大同小异。这类植物并不是印度的特产，在美洲、亚洲的热带地区都曾经发现过原产树种，其中美洲发现的最多，比如红花曼陀罗、大曼陀罗花都出自南美洲。

美洲各印第安部落有不同程度的曼陀罗植物崇拜，原因就是它能引发萨满产生飞行、下阴间、转变为美洲虎、带回病人的灵魂等神奇幻觉，所以在祭祀活动里常被萨满咀嚼使用。那时候萨满巫师也身兼部落的最高领袖、医生的角色。

在印度，宗教修行者也很早就将曼陀罗花的致幻效果用于某种仪式，就像他们很早就开始吸大麻一样。至今还有用曼陀罗叶子混合烟草制作的特殊香烟出售，两个世纪前抽不起鸦片的土耳其穷人也喜欢晒干曼陀罗叶子卷烟来抽。至少在 11 世纪，波斯的医药学家已经提到过白色曼陀罗花的麻醉效果，他们称之为"Tatorea"，据说是吉卜赛人把这种神奇草药的种子从西亚带到欧洲的。

南美洲有一种木本曼陀罗能长好几米高，但它的花朵是垂挂下来的，而曼陀罗花是向上开放的。它同样含有颠茄碱、天仙子胺以及车莨菪碱等有毒生物碱，使用过量有迷幻乃至致命的后果，所以有"天使的号角"之称。其中车莨菪碱能够穿过皮肤和黏膜被人体吸收，也就是说，如果你掐了一下它的花，就会有毒素随着皮肤渗入，尽管分量微不足道。哥伦比亚曾出现犯罪集团买来车莨菪碱粉末，吹到目标人物脸上让他处于迷幻状态，然后洗劫他的财产，等事主清醒以后对之前发生了什么几乎毫无印象。

在美国，曼陀罗还有个俗名叫"詹姆斯敦草"，1676 年一些殖民地士兵前往弗吉尼亚州去镇压叛乱，到这个小镇以后士兵们胡乱吃作为香料的曼陀罗叶子，结果出现了喜剧性的场面，他们有的开始胡言乱语，有的脱光跑来跑去，怀着开心的傻笑，这种行为传开以后大家才知道这种野草的厉害。

曼德拉草：不死之药

和曼陀罗同样属于茄科的好多种植物都含有致幻、麻醉成分，里面名声最大的是曼德拉草（*Mandragora officinarum*），在中国又称毒参茄、押不芦。

J.K. 罗琳写的《哈利·波特与密室》里提到哈利·波特他们带着耳罩去挖这种

中世纪医药书中对曼德拉草的描述，

15 世纪，

插图，

引自 *Tacuinum Sanitatis*

神奇植物的根。这个情节可不是向壁虚构的，在中世纪早期的确有很多关于这种草的传说，比如说它只长在绞刑架下，吊死的男人的精液滋养着它，等等。那时欧洲人觉得采集曼德拉草时不可用手碰触，而是要在植株周围挖出一条沟，用绳子给它套上一个活扣，然后把绳子另一头拴到狗尾巴上，赶狗走动拉出"仙草"。另外还传说把人形根拔出土壤的时候它会发出撕心裂肺的哭叫，而人如果听见这种声音就会发狂而死，哈利·波特戴耳罩呼应的就是这种传说。

这种植物原产于欧洲南部地中海、西亚、喜马拉雅山南坡、北非，春天开出紫蓝色的钟状小花，要比白花曼陀罗的花小得多，叶子比曼陀罗的油亮，秋天结出李子大小的圆形果实，吃起来味道接近苹果，而它的根茎形状类似中国人熟悉的人参，外皮也是暗褐色的。

不论是在中国还是欧洲，古人常常相信植物的外部特征暗示它的药用性质，曼德拉草因为根部类似人形而被中世纪的巫师、医药学家认为有灵力，欧洲、西亚好多文化里都有关于它的传说和图画。而通过现代药理学家的检验来看，曼德拉草里含有的主要是各种致幻成分——包括天仙子碱、阿托品酸盐和莨菪胺等，尤其是阿托品酸盐具有强烈的镇静、止痛、催吐和催泄的效用，适量服用会让人产生幻觉、麻醉，所以上古就成为巫师与灵媒在祭祀仪式上使用的东西。加上它还有个在古人看来神秘万分的人形根，就更是让人既珍视又惧怕，认为有起死回生的奇效。

古希伯来人、希腊人和埃及人都传说吃它的根可以促进性欲和性能力，甚至还可以治疗不育。希伯来人把它的果实称为"爱之果"，《圣经》第一篇"创世记"里讲雅各布先后娶了拉班的大女儿利亚和小女儿拉结为妻，拉结年轻漂亮很得雅各布欢心，但三年未孕，后来有一天利亚生的儿子流便在野外挖到曼德拉草，他把人形根带回给母亲利亚。拉结得知便请利亚把它让给自己，后来两人做交换，拉结让雅各布去陪利亚睡觉，自己得到了一些人形根，两个女人各得其所，吃了这些人形根以后她们各自都怀孕产子。现在有好事者推论这也许是因为吃过曼德拉草的根有镇静作用，可以帮助那些因为长期无子而焦虑的女人减少焦虑和内分泌紊乱，从而有助于提高卵子质量。

古希腊人也用曼德拉草的橘红色果实调制迷幻和催情药，称之为"male drug of namtar"，意思是"男人爱欲之药"。它也是女魔法师咯耳刻的象征，可以说是巫术的象征。公元前400年，古希腊名医希波克拉底用它入药，他谨慎地指出用少量的粉末混合在酒里饮用可以缓解抑郁和焦虑，而写《植物史》的特奥弗拉斯图（Theophratus）指出它的根可以用来治疗丹毒，切成片泡在醋里有益于治疗痛风症、失眠及提高性能力。

在宋代人利用曼陀罗花的麻醉作用制服敌人之前，迦太基的军事统帅汉尼拔就曾在与非洲部落作战的时候用过曼德拉草。他率部假装败退，遗留下一些加入曼德

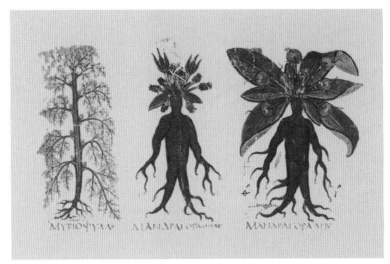

中世纪医书对曼德拉草的描述，7 世纪，插图，引自 *De Materia Medica*

拉草粉末的酒，对方当作战利品饮用后陷入迷乱，他再率军回头一举歼灭敌军。据说恺撒也曾用类似计谋征服过西西里海盗。

相比特奥弗拉斯图的审慎明智，中世纪蛮族入侵的欧洲可以说文化上出现了某种倒退，当时各种蛮族的神灵信仰和欧洲的土著信仰合流，出现各种古怪的巫术曾经有巨大的影响力，而曼德拉草在当时的巫术中可以说是最神秘的药草之一。不过从 12 世纪开始基督教严厉压制巫术，有些地方私藏曼德拉草的人甚至会被看作异教徒给予火刑的残酷惩罚，如 1630 年在德国洪堡曾有过一起烧死三位妇女的案例，其罪名是私藏曼德拉草。很多关于曼德拉草的巫术书籍都被教会销毁了，不过仍然能从以前的文学作品中看到一些痕迹，比如莎士比亚的好几个剧本里都提到曼德拉草。《罗密欧与朱丽叶》里让朱丽叶沉睡两天的药水也许就是用曼德拉制剂泡的，莎士比亚还不忘点明说："像曼德拉草被拔出地面时那样尖叫，那声音使听到的人发狂。"

《青年在研究曼德拉草》，19 世纪，油画

曼德拉草在古代的欧洲、西亚是如此著名，但是传入中国的时间看起来有点晚。宋末元初的周密提到当时皇宫御药院中贮藏有来自西方的奇药押不芦："回回国之西数千里地，产一物极毒，全类人形，若人参之状……生土中深数丈，人或误触之，着其毒气必死……埋土坎中，经岁然后取出曝干，别用他药制之，每以少许磨酒饮入，则通身麻痹而死，虽加以刀斧亦不知也。至三日后，别以少药投之即活。" 所谓"押不芦"是翻译阿拉伯语 yabruh，波斯语读音是 jabrūh，是对曼德拉草根的称谓。很可能是波斯人、阿拉伯人把这种药物从海路带到杭州附近，以朝贡的方式进献或者卖给当时的南宋皇室。

琼花:

传说和命名

    明清的小说里编撰说隋炀帝为到扬州"赏琼花"而下令开凿了大运河，可这些故意夸张的故事里说的"琼花"，也许隋炀帝根本就没见过。在隋唐时候，"琼花"这个词只是泛指仙苑里开着的美玉似的花木，各种白色、粉色的花乃至雪花都可以用"琼花"来形容。

    直到北宋的时候，人们才用"琼花"来特指一种花木。当时的著名文人王禹偁在宋太宗至道三年 (997 年) 任扬州知州，在后土庙看到一株当地人俗称的"琼花"洁白可爱，写诗加以称扬；后来任扬州太守的欧阳修还特意构筑无双亭赏花，引来文士的不断题咏，每当花期"车马喧如市"地来追捧，这里也改名叫琼花观。而如今的琼花观不知道已经重修过多少次了，里面还是有叫"琼花"的植物，只是现在的这些忍冬科荚蒾属的"琼花"——俗名"聚八仙"（*Viburnum macrocephalum*）——可能不是隋炀帝看到的那种"琼花"，甚至也不是王禹偁赞美的那种琼花。

    可以说是王禹偁命名了现实中扬州的这种白花——"琼花"。当然，这种花木肯定不是宋代才有的，因此也有人怀疑王禹偁所见的"琼花"可能就是唐代人艳称的"玉蕊"——同样芳香、洁白如雪。而且玉蕊花的来历和仙苑也有点关系，因为唐代长安的道观唐

《木绣球》，
1847年，
手绘图谱，
德雷克（*S.A. Drake*）

昌观有一株著名的玉蕊花，据说为唐明皇之女唐昌公主亲植，每当花发若琼林瑶树。后来就传说连天上的仙女也曾下凡观赏，让这株花一时间名满天下，白居易、刘禹锡等诗人都吟咏不绝。当时除了长安唐昌观以外，翰林院、集贤院以及镇江招隐山也有玉蕊树，特点是"每花落空中回旋久之，方集庭砌"。镇江、扬州隔江相望，玉蕊花和琼花同物异名也有可能，不过也有人说琼花与玉蕊并不相同，在唐代更可能是山矾、栀子花之类。

宋代人郑兴裔在《琼花辩》里比较说："琼花大而瓣厚，其色淡黄；聚八仙小而瓣薄，其色微青，不同者一也。琼花叶柔而莹泽，聚八仙叶粗而有芒，不同者二也。琼花蕊与花平，不结子而香；聚八仙蕊低于花，结子而不香，不同者三也。"大概这是两种亲缘关系很近的植物，可能琼花更美且有香味。聚八仙开花的时候8枚萼片发育成大花瓣围成一周，环绕着中间丁香似的白色小花和蝴蝶似的花蕊，犹如八位仙子围着圆桌品茗聚谈，故有"聚八仙"的美名。

宋代有人认为琼花乃天仙为镇扬州的后土庙所植，但实际上"琼花"并非只在扬州绽放，北宋杭州、洛阳的一些地方有琼花，金元之际元遗山在陕西户县也发现过琼花树。

"维扬一株花，四海无同类。"让琼花显得神奇的是，人们把这种花和扬州城的命运紧紧结合在一起。据说北宋庆历年间，宋仁宗曾令人把琼花从扬州移至汴京（今开封）御花园中，谁知次年即萎，只得送还扬州。南宋淳熙年间，孝宗又令人把琼花移栽至都城临安（今杭州），但它过了一年也萎靡无花，将它送回扬州却又枯木复苏。据说元世祖至元十三年（1276年），也就是南宋亡国的次年，扬州琼花枯死，赵炎还做绝句诗凭吊这一有情之物：

> 名擅无双气色雄，忍得一死报东风。

> 他年我若修花史，合传琼妃烈女中。

琼花观没有了琼花，实在尴尬，元代道士金丙瑞只好以"聚八仙"补种在观内。

再往后，离扬州不太远的江苏昆山亭林公园也有清代的聚八仙树，号称昆山三宝。

忍冬科荚蒾属的植物有 100 多种，除了聚八仙还有其他几种著名的观赏植物。如木绣球（*Viburnum macrocephalum* Fort. f. macrocephalum）原产江南地区，近代传入欧美以后被称为"中国绣球"，它的花蕾最初是嫩绿色，长大舒展以后就渐变为白色，众多花朵攒在枝头犹如白色绣球一般，与虎耳草科的绣球花（Hydrangea macrophylla）开的蓝紫色艳丽花朵相比，别有一种清雅的风姿。

虽然扬州琼花在宋代才出名，但明代文人写小说最喜欢渲染隋炀帝到扬州是为了观赏琼花。毕竟，隋炀帝虽然不是为了琼花来扬州，但却是这个城市第一次进入繁华年代的见证人。扬州在隋唐时代就已经是风流繁华的去处，从那时一直到清代，一直是重要的商业都会，和杭州、南京比肩而立，吸引了大批商人、文人、娱乐圈人士乃至道士们前来谋生。琼花观在明清还是江南有名的道观，到清顺治、康熙年间先后有两代张天师在观内羽化，《儒林外史》的作者吴敬梓晚年落魄，也常常在附近流连。

有趣的是，广东的地方戏曲粤剧的别名之一是"琼花"，据说扬州后土庙前，一株从不开花的琼树开出了"上香三十三天界，下香五湖四海"的琼花，圣母将其献给玉帝，于是玉帝恩赐琼花宴，并称有功者可获得琼花，饮御酒。金龙太子起身去拿琼花，而降服过火神、风神的灵耀不服，也起身去抢，大闹琼花宴。灵耀因此被贬凡间，几经转世才修成正果，自号华光大王。粤剧戏班因演戏的大棚和红船都忌火，故有朝拜华光的习俗，其行会也称为琼花会馆。久而久之，民间便用琼花代指为粤剧，并代代相传。

这说明至少在宋代以后，扬州和琼花的关系已经是如此紧密，以致华南的地方戏曲中也出现这样的故事。

梅花：

寒冷的限度

古人没有 KTV，没有电影院，大冬天也没法坐飞机跑到热带海滩度假，那些寒冷的日子在心理感觉上格外漫长，而梅树（*Prunus mume*）在农历小寒的时候就从叶腋间冒出花来，虽然每节上只有一两朵，可一树、几株合起来总归有点粉红的色彩，散出一丝清香，足以让憋了大半个冬天的江南文人念叨个不停。

我对梅花最初的印象完全来自中学语文课，书里有元代画墨梅的王冕勤苦自学的故事，"梅花香自苦寒来"的格言就挂在教师墙上，比南宋诗人林和靖的"疏影横斜水清浅，暗香浮动月黄昏"简单好记。可惜我上学的地方是个西北小城，没办法像江南的诗人那样找个墙角"踏雪寻梅"。说到底，梅花主要是在湿润的长江流域广泛种植，那儿有些地方也会下雪，可没有北方那么彻骨地寒冷。在黄河以北梅花不大容易成活，据说最近二三十年才有植物学家培育、引种了一些适应东北、华北、西北严寒气候的新品，可我那时候还无缘一见。

再有，就是 20 世纪 80 年代末电视上老播出"香雪海牌"冰箱的广告，那时候冰箱是热门货，要走后门才能拿到购物票去买台单门冰箱，去做客看到那经典的苹果绿外壳，就意味着这是殷实人家。

《梅花》，
1909 年，
手绘图谱，
菲奇

M.S.del, J.N.Fitch lith.

Vincent Brooks, Day & Son Ltᵈ imp

L. Reeve & Cº London.

像当年的很多品牌一样，后来"香雪海牌"的广告和实物都不大见到了，脑海里却一直保留着"香雪海"三个字。后来去苏州才知道这是个浪漫的地名，和梅花有关。苏州吴县光福乡的邓尉山在清代的时候就以满山梅花著称，每当二月梅花吐蕊时"遥看一片白，雪海波千顷"，加上散发出香味，就有"十里香雪"的美名了，连康熙、乾隆下江南的时候也要赶来凑热闹。生产"香雪海"牌冰箱的就是原来的苏州电冰箱厂，也不知道谁想到拿这个名字来命名冰箱的，真是天作之合。

梅树的好处在于雅俗共赏，有花可赏，也有果可食。以前太湖边上的许多人家爱在房前屋后种梅，还保留着做梅子干的传统。梅花的核果是圆形的，果子一开始是绿色的，外面长满短短的柔毛，吃起来极酸，到五六月成熟的时候变为黄绿色，可以吃，也可以采集用来做梅干、梅酱、话梅、酸梅汤、梅酒。

经现代植物学家考证，梅花最早野生于我国西南云南、四川一带，后逐渐传播到长江流域和我国台湾地区，以及朝鲜、日本、越南等国。1979 年发掘的裴李岗遗址中发现了 7000 年前的梅核，江苏吴江梅堰镇的新石器时代遗址中也出土了梅核，说明中国人食用梅子至少有 6000 多年的历史。

安阳殷墟的铜鼎里也找到过 3000 年前的梅核，记述商周史事的《尚书》里有"若作和羹，尔唯盐梅"这样的话，这是商王夸奖他的宰相就像做羹汤时用的盐和梅那样重要，是他治理国家的好帮手。当时人们的主食就是加各种佐料煮出来的羹，因为那时候还没有发明醋，人们烹调时用酸溜溜的梅子来调味。这种习惯至今仍在云南下关、大理一带白族、纳西族人的生活中延续，他们烧鸡、炖肉时仍放些青梅来调味。

除了吃梅子，人们也用它来祭祀和馈赠，2500 年前的《诗经·召南》中"摽有梅，其实七兮。求我庶士，迨其吉兮"的句子，描述姑娘摘青梅抛给男子示爱。古人最早关注梅树并不在于它开的花，而是它酸溜溜的梅子可以供食用、馈赠和祭祀。

观赏梅花是汉代以后才开始的。据说汉武帝修建的皇家园林上林苑时曾引种朱

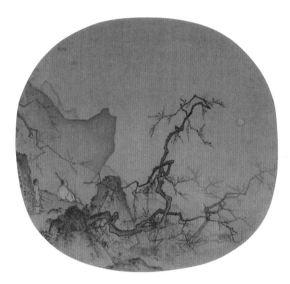

《月下赏梅图》，南宋，绢本团扇册页，马远，
纽约大都会艺术博物馆藏

梅、胭脂梅，可长安的气候并不适合梅树成长，估计到冬天会被冻死吧。西汉末年扬雄作《蜀都赋》，说当时成都"被以樱梅，树以木兰"，可见当地人对梅花的喜爱。

无论是青梅竹马还是青梅煮酒，魏晋以前人们还是重视吃，到南北朝时代梅花正式出现在诗人的笔下，香艳的梅花妆的典故也发生在南朝宋武帝刘裕的女儿寿阳公主身上：她白天躺在含章殿檐下睡觉，梅花落在她的额上留下五瓣的花形，拂之不去，却成为皇宫的时尚"梅花妆"。稍后的士人何逊更是爱梅成痴，他在洛阳的时候想念以前在扬州做官时官舍前的那株梅树，便在开花前向上司打报告请求再去扬州做官。梁简文帝的《雪里觅梅花》诗也引发了踏雪寻梅雅事的滥觞。

一开始梅花都是单纯的 5 瓣，可是在人工栽培的过程中嫁接选育出复瓣、重瓣、台阁等变异品种，逐渐欣赏花朵的花梅就从果梅中分化出来。虽然唐朝也有诗人赞赏过梅花，黄檗禅师的"不经一番寒彻骨，怎得梅花扑鼻香"算是"梅花香自苦寒

《梅》，
1852年，
手绘图谱，
戈达尔（Godard）

Godard del.

Chromolith. G. Severeyns.

Prunus Mume var. Alphandi

来"的源头，但梅花真正在传统花木世界中确立地位是在南宋。"岁寒三友"的说法也是宋代才有的，今天的人爱把这件事攀附到苏东坡头上，但实际上这一说法首先出现在比他晚两百年的林景熙所著的《五云梅舍记》里："即其居累土为山，种梅百本，与乔松、修篁为岁寒三友。"这很快就成为南宋文士间流行的话题，后世不断有诗歌、图画提及。

其实就这三者的关系来说，松、竹两者的关联很早就有了。《礼记·礼器》中提道："其在人也，如竹箭之有筠也，如松柏之有心也。二者居天下之大端矣，故贯四时而不改柯易叶。"后世遂多以松竹并称，这是儒家以自然景物比拟道德品性之"比德"审美意识的发端。

梅花在魏晋南北朝时期还与桃花、杏花一样，被视作易凋之物，鲍照《中兴歌》中甚至对比说："梅花一时艳，竹叶千年色。愿君松柏心，采照无穷极。"到中唐才有诗人特意从凌寒开放、冲雪报春的方面歌咏梅花，把梅之物性与松、竹一起加以赞颂的是中唐闽越诗人朱庆馀在《早梅》中写的："天然根性异，万物尽难陪。自古承春早，严冬斗雪开。艳寒宜雨露，香冷隔尘埃。堪把依松竹，良涂一处栽。"入宋后把三者并列的诗歌增多，才出现了关于岁寒三友的绘画、说法。

宋代是士大夫文人以天下道义为己任意识高涨的时代，所以文人把对花木的欣赏纳入到君子修身养性的整体道德实践之中，以花木喻人言志，于是菊、兰、竹、荷花这些"志洁称芳"的花木格外受士人的推崇。梅也是在这时候获得了与松、竹鼎足而立的地位，从而进入江南士大夫的庭院，成为士人之友。这一时期关于梅花的诗词大量问世，也出现了梅岭、梅峰、梅园、梅溪、梅径、梅坞这样的景点。文人范成大不仅做有关梅花的诗词，还写出世界上第一部艺梅专著《梅谱》（约 1186 年）。

说起来盛唐和南宋文人的美学是大有差别的：盛唐人喜欢的花是那种颜色鲜艳、大型的，有外向的壮美追求；而中唐以后以至于南宋，文人不仅从地理上蜷缩到江南的温柔乡里，从心理上也更欣赏分散、孤立的花木形象，表现出内向、沉思的气质。另一个隐含的背景是，宋以前中原经济、文教更为发达，文人多出于北方，他们对梅花之类主要生长在江南的花木了解不多、爱好不深。而宋代及之后，江南成为经济和文教中心，出仕士人、文人墨客越来越多，自然也会标举自己熟知的江南植物的优美和德性。

梅花和兰花的象征有重合的地方，不过兰花这时候已经养在室内了，多少失去了寻找的乐趣，而梅花还带有一点山野隐逸的气息，身高也和人差不多，所以更容易作拟人化的想象。"雪满山中高士卧，月明林下美人来"就含有这样的意味，就好像文人可以和清癯的梅花谈心交友一般，所以才出现了隐居杭州西湖孤山的林和靖那样的名士，终生不仕不娶，"梅妻鹤子"度过一生。

近代以来欧洲人首先从日本了解到梅花，所以拉丁文名字里有日语发音"mume"，可日本的大多数梅花品种是公元 8 世纪以后从中国传去的，读音也来自汉语。1815 年植物学家克拉克·阿裨尔（Clarke Abel）曾把中国的梅引入英国，但是梅花在欧洲却没有像月季、菊花、茶花那样受欢迎，这似乎是不同的审美观带来的差异：欧洲人一向喜欢花大色艳的花木，而对中国传统文人来说小小的梅花之美不仅在于花朵本身的大小、颜色、香味，还在于梅树曲欹的姿态，以及对梅花典故的一系列联想，也就是"韵味"。比如宋人张镃就列举过可以和梅花相映衬的 26 种幽境雅物：淡阴、晓日、薄寒、细雨、轻烟、佳月、夕阳、微雪、晚霞、珍禽、孤鹤、清溪、小桥、竹边、松下、明窗、疏篱、苍崖、绿苔、铜瓶、纸帐、林间吹笛、膝上横琴、石枰下棋、扫雪烹茶、美人淡妆簪戴。美则美，可都孤零零清寒得很。

从现代植物学角度看，宋代诗人写的许多咏梅诗是关于蜡梅（*Chimonanthus praecox*，又名雪梅、黄梅、干枝梅）的，与梅花其实有差别：梅花属蔷薇科，而蜡梅属蜡梅科，长得明显比梅树要矮，而且开的花通常是黄色，结出的果为瘦纺锤形，都与梅花不同。明代李时珍在《本草纲目》中分辨说："此物本非梅类，因其与梅同时，香又相近，色似蜜蜡，故得此名。"

《盛开的梅树》（临摹日本浮世绘画家歌川广重的《龟户梅屋》），

1886 ~ 1888 年，油画，梵高，阿姆斯特丹梵高博物馆藏

蜡梅是中国原生的植物，大约在 1611 ~ 1629 年期间传入日本，1766 年从日本传入欧洲，由于它需要的气候条件要稍冷而又不能太冷，在欧美好像只有极零星的地方有种植。奇特的是伊朗倒是有不少蜡梅树，很可能是宋元时候的波斯商人带过去的吧。

关于梅花的典故，最有意思的是南北朝时期，南朝官员范晔于元嘉七年（430 年）十一月随大将檀道济北征中原，最远打到了今天济南附近。次年早春，友人陆凯摘下一枝梅花，托邮驿赠送远在长安的范晔："折梅逢驿使，寄与陇头人。江南无所有，聊赠一枝春。"可惜范晔他们出征并不顺利，年中就以失败告终，留下"元嘉草草"的故事。这枝梅花就算寄到了军中，想必一路奔逃的范晔也找不到瓶子保存吧。以前我曾经以为那种细细高高的"梅瓶"是专门用来插梅花的，后来才知道

《蜡梅》，1799 年，手绘图谱，
S.T. Edwards

这是古人装酒的器皿，因为瓶颈窄小只容梅枝插入，就得到这个雅称。

几年前到成都玩的时候看过有农民在自行车后面装着一竹筐的梅枝，上面刚冒出一粒粒花苞，也不知道他从哪里折来的，周围的人就围过来买，据说插在水瓶里两三天就能开。成都自古以梅花著称，陆游曾经回忆："当年走马锦城西，曾为梅花醉如泥。二十里中香不断，青羊宫到浣花溪。"

有意思的是，科学家验证说梅花散发出的香味里含有毒化学物质苯甲醛，不建议把梅花放在家里观赏，至少也要搁在空气流通的地方，也就是说，上千年来把梅花拿来插瓶的、送人的那些诗人都中过一点毒。

可惜，现在成都的窄巷子已经改造成热闹的旅游景区，各条日益宽阔的马路上也挤满了小汽车，那样的卖花人大概快没有了吧。

杜鹃花：

从高黎贡山到爱丁堡花园

曾经在浙江的山野看到大片的映山红（*Rhododendron simsii*），烂烂漫漫，每朵花都是 5 瓣花瓣组成的小漏斗形状，在中间的花瓣上还有一些小点。那时候我还不知道这是杜鹃花属植物中的一种，也不知道关于它的神奇传说。只是听从当地人的指点，尝着吃了几个映山红长条状的花瓣，有一点甜味，可是不能吃太多，否则会流鼻血。

最早见于记载的杜鹃花可能是东汉《神农本草经》里写的下品有毒药物"羊踯躅"，这是一种黄色的杜鹃花，因为羊吃了就会死，所以见到这种花就踯躅不进。现代植物学也证实羊踯躅（*R. molle*）的叶子和一种白色杜鹃的花的确含有毒物质，吃了会引起呕吐、呼吸困难、四肢麻木等病症。

而"杜鹃"这个名字则首先见于南北朝时的《本草经集注》，这个名字和杜鹃鸟（也叫子规、子鹃、布谷鸟）、古代蜀国国王杜宇的传奇有关。相传杜宇在位的时候遇到大洪水，自己没法治理，就命令鳖灵为相治水，人民得以安居乐业，望帝自谦德薄，主动禅位给鳖灵，他要离开王都的时候，子规鸟叫个不停，以后蜀人听到这声音就对望帝唏嘘不已。这是西汉末期的四川人扬雄在《蜀王本

AZALEA MOLLIS *(Blume)*.
PLEIN AIR.   BRÉSIL.

《羊踯躅》，*1871*年，手绘图谱，斯特邦特

纪》里记载的，后来民间又把杜鹃鸟与杜鹃花联系起来，说杜鹃花是由杜鹃鸟啼出的血染红的，这就是杜鹃花和"子规啼血"这个成语的来历。

开始这只是四川的地方传说，后来因为扬雄写在书上而广为人知。但细细品味的话，这个传说流露出一种凄凉的意味，后来的史学家猜测这个禅位的故事可能是对一次部落权力斗争的减缩版描述，鳖灵代表新崛起的、会治理洪水的新部落势力，而杜宇是被迫离开甚至是遭到杀害的。在这个传说中杜宇化身的杜鹃是受到同情的，但实际上杜鹃鸟可不是好惹的，它们出名的行为是喜欢"狸猫换太子"：偷偷把蛋产在其他鸟的巢中，让这些"养父母"孵化和养育幼鸟。为了防止"养父母"看出卵的数目有增加，杜鹃鸟还会移走养父母的一两个卵，而刚孵出的杜鹃幼雏也不简单，它甚至会把同巢的其他卵和幼雏推出巢外，自己一个劲儿叫着向"养父母"要东西吃。

中国人是最早开始人工栽培杜鹃花来观赏的，映山红迟至唐代就被人带入城市，中唐大历年间的诗人王建也写过长安皇宫里种植有红杜鹃。唐开成四年（839年）宰相李德裕在自己的山庄里也种有从会稽（今浙江绍兴）移植来的"四时杜鹃"。不过因为杜鹃长得高大，多数人还是在野外欣赏，从山石榴、山丹花、山踯躅、山鹃这些不同时代、不同地区的叫法就可以看得出一二。

现代植物学研究表明，杜鹃花这种起源于距今约6550万年至1亿4550万年的中生代白垩纪时期的古老植物，本在北半球寒、温带地区有广泛分布，后因北美洲和欧洲等地受第四纪冰川的覆盖而大部分灭绝，在北美洲仅存杜鹃花24种，欧洲9种，澳大利亚仅1种，而中国西南部横断山区和喜马拉雅地区有400多种，占目前发现的原生品种的半数以上。横断山脉巨大的落差同时造就了立体分布的垂直气候带，从山脚到山顶同时汇集了从亚热带到极地的各种气候类型，这样复杂、多样的地理环境为物种的生存、演化和迁移提供了多样化的生境选择，加上地理阻隔也让人们不容易打扰到它们，至今云南、贵州的原始森林里还有野生的高山杜鹃。

中国的杜鹃花是从横断山脉沿着长江向东南传播的，云南、西藏、四川这些地方保存的野生树种最多。因为四川很早就和中原有密切的交流，所以"川鹃"出名最早，安徽宣城的杜鹃花曾经让李白回忆起故乡四川的杜鹃花，而浙江一带生长的杜鹃也因为靠近经济中心，很早就得到人工栽培和欣赏。据说唐末五代时候绍兴法华山奉圣寺佛殿前有一株红杜鹃，一丛千朵，灿若堆锦，郡守每年等花开时会带领僚属到树下宴集赏花，郡人也纷纷前来围观，让静修的僧人烦恼不已。这些僧人也算难得，换了别人还巴不得取悦郡守。可惜，这树杜鹃入宋以后就枯死了。

明清时候中原才对云南的杜鹃花、山茶等植物有所认识，乾隆时期曾在云贵为官的安徽人檀萃在《滇海虞衡志》中记录自己在滇山闯入大片野杜鹃林，"穿林数十里，花高几盈丈，红云夹舆，疑入紫霄，行弥日方出林"，惊奇的檀萃当时就设想，如果能把这些杜鹃树带到江南培育出售，价格一定可以和黄金白银相比，可见当时人对于花卉商业的敏感。可是他并没有能力和技术手段去实行，后来是欧洲人实现了他的想法，而且走得更远。

欧洲人工栽培杜鹃花的历史比中国晚得多，观赏杜鹃花是荷兰人 1680 年从爪哇第一次引入欧洲的，当时他们认为这是印度原生的树种。开始引进的花木多数种在贵族们的私家花园里，当时不少贵族以培育珍奇花木为乐趣。到 17 世纪中期欧洲人才把原产于欧洲阿尔卑斯山的密毛高山杜鹃 (*R. hirsutum*) 进行人工培植，这是第一种欧洲原生杜鹃树种进入观赏花木世界。到 18 世纪初期，原产于北美殖民地的粘杜鹃 (*R. viscosum*)、柳叶杜鹃 (*R. maximum*) 等引入英国，大大丰富了英国的花园景观。

可以说第一次引种杜鹃花的洪流始于 1811 年。这一年的初春原产于喜马拉雅地区印度一侧的树形杜鹃（*R. arboreum*）在英国绽放出了极为艳丽的花朵，在英国园艺界引起轰动，后来以其为亲本杂交培育出许多新的品种。大约在 1808 年，中国的一种杜鹃花就曾被引入英国，可能就是映山红的栽培品种。19 世纪 20 年代，中国著名的黄杜鹃花羊踯躅 (*R. molle*) 远涉重洋来到英国，其金黄、橘黄或浅黄等多变

《子规和杜鹃花》，
1834 年，
浮世绘，
葛饰北斋

罕见的黄色系花朵受到不列颠园丁们青睐。

18 世纪末 19 世纪初，英、法、德、俄不少人爱上东方来的杜鹃花，可是因为罕见，富人买到一棵好点的树大约要花费 100 法郎，等于普通人家好几个月的收入总和。这也衍生出花木种植市场，在荷兰等地出现了商业性的公司来经营这项生意。由于之前引进的很多杜鹃来自亚热带，无法对抗冬季的寒冷气候，商人就在冬天用温室来促进植物生长，在一个镶嵌有玻璃窗的大屋子里烧明火来保持温度，等到了春天再把花放到室外自然生长。

19 世纪杜鹃花人工育种大爆炸式发展，当时英国、法国的业余"植物猎人"如传教士、商人和外交官都利用来华的机会在广东、澳门、台湾、北京收集植物标本，英国人通过广州的通商口岸进口中国的花木，园艺家罗伯特 · 福琼（Robert Fortune）

英国园艺学家、植物学家、探险家　　法国传教士、植物学家　　　英国植物学家和探险家
亨利·威尔逊　　　　　　　　　　谭卫道　　　　　　　　　乔治·福雷斯特

在 1839 年到 1860 年曾四次来华调查及引种花卉果木，在厦门、浙江都发现了丰富的杜鹃花品种，其中从浙江天目山附近送回去的云锦杜鹃（*R. fortunei*）开的花外侧淡红，内里黄绿，在英国颇受青睐，后来还和其他杜鹃花杂交出好多新的品类。1851 年 2 月他通过海运，运走 2000 株茶树小苗，1.7 万粒茶树发芽种子，同时聘请了 6 名中国制茶专家到印度的加尔各答茶园工作，对印度及斯里兰卡的茶叶生产有很大促进。

　　到 1860 年中国内陆逐渐开放以后，"植物猎人"纷纷深入内陆去探索，1867 年法国传教士法盖斯在四川收集到喇叭杜鹃（*R. discolor*）、粉红杜鹃（*R. oreodoxa*）和四川杜鹃（*R. sutchuenense*）的标本，后来英国园艺学家亨利·威尔逊（Ernest Herry Wilson）在湖北和四川地区考察，10 年里为英国引种了 1000 多种植物，其中杜鹃花有 50 多种，开创了大量引种之先河。威尔逊的著作《一个植物学家在华西》对各国纷纷派员来华收集和引种园林植物资源起了很大的刺激和推动作用。

　　值得一说的还有法国传教士苏列（Jean-André Soulié），他 1886 年来到中国，在四川打箭炉和靠近西藏的地区一边传教一边收集植物标本，短短 10 年给巴黎博物馆发送了 7000 多份标本，其中包括几种杜鹃品种，1905 年他在四川巴塘藏民、教会和清政府的复杂矛盾冲突中死于藏民枪下，他的助手则被斩首。

尽管有死亡、疾病的危险，探险家们还是接连进入这个知识上的未知之境。英国人安德森（John Anderson）于 1868 年和 1875 年两次率领探险队从缅甸进入高黎贡山采集动植物标本，首次探险就采得 800 种植物，存在印度加尔各答植物园，复份标本则送到英国邱园。后来英国人弗朗克·金顿－沃德（Frank Kingdon-Ward）、法国传教士兼博物学家谭卫道（Armand David）、赖神甫（Père Jean Marie Delavay）、法尔热（Paul Guillaume Farges）、美国人迈尔（Frank Meyer）、约瑟夫·洛克（Joseph Rock）都曾前往云南收集杜鹃花回国栽培。此外，德国、意大利、丹麦等欧洲国家也从中国大量引种。

其中最著名的人物是曾去澳大利亚淘金、当过爱丁堡植物园标本室员工的乔治·福雷斯特（George Forrest）。一个利物浦商人经营花木进口生意，雇佣福雷斯特到中国引进杜鹃花。1904 年 8 月，福雷斯特抵达云南大理，一边学习当地语言文化，一边开始长达 28 年的收集，主要是在云南丽江等地雇人从滇西北、川西和藏东各地采集树种。最终他一共采集到 3 万多份植物标本，其中包括杜鹃花标本 4651 号，依据这批标本所发表的杜鹃花新种达 140 多个，朱红大杜鹃、腋花杜鹃、灰背杜鹃等 200 多种杜鹃花都是他引进英国的。1919 年他在云南腾冲高黎贡山西坡找到一棵高 25 米的大树杜鹃（*Rhododendron protistum* var. *giganteum*），福雷斯特采集了这棵杜鹃花树王的花和果实标本，贪婪之心驱使他雇工人硬将这株树龄达 280 年的大树杜鹃砍倒，截取一段木材标本送回英国，至今仍陈列在大英博物馆内。1981 年，植物学家冯国楣曾在高黎贡山发现一棵树龄达 500 多年的"大树杜鹃"，树高 25 米，基围 3.07 米，冠幅 60 平方米，比福雷斯特在高黎贡山砍的那棵还要大。

福雷斯特那时进行植物采集的工作充满风险，要在荒野、丛林里冒着被各种野兽、昆虫袭击的危险去寻找植物。在 1905 年藏区的动乱中他差点丧命，后来在傈僳族人的帮助下才得以逃生。在丽江他还遇见过天花疫情暴发，他自掏腰包为当地上千个老百姓接种疫苗。1932 年，他由于劳累过度死在德钦城外的路上。在他病死以后，一些当地百姓还通过英国驻腾冲等地的领事馆继续为他服务的公司、机构收集杜鹃等花卉苗木。

福雷斯特引种的大树杜鹃还健壮地生长在欧洲许多植物园内，其中爱丁堡植物园是世界上收种杜鹃花最多的植物园，栽培有 500 种杜鹃花，其中半数来自中国。在欧洲各种杂交的杜鹃花和报春、玉兰都是广受欢迎的春景花木，各地公园、园林的种植要比中国广泛得多，我还在罗马的一家私人庭院见过长有红、黄、白多种色彩的杜鹃花。

在福雷斯特、洛克曾经待过的丽江玉水寨，2001 年昆明植物研究所和爱丁堡皇家植物园合作创建了世界上最大的高山植物园，福雷斯特引种的一些云南杜鹃被引回云南的故土上培育。

山茶：

从边缘到厅堂

1383 年秋天，云南大理感通寺的和尚法天赶着白马、驮着红山茶向帝都南京进发，这一路上地方官员纷纷放行，每晚还帮他把花放在厅堂里让人照看。终于在次年的春天，法天走到了朝堂外，敬献上这盆经历千山万水的红山茶和白马，让也当过和尚的朱元璋在南方还有点寒冷的时节感到一丝温暖。

山茶花出自云南，这是我从小就有的模糊印象，可是后来发现这种花原产于西南山区很多地方，贵州、广西、四川、广东、浙江和云南都有分布，包括云贵川出的滇山茶，福建、江西和广东出的华南山茶和山东半岛、江浙沿海出的华东山茶、茶梅几个大系列。其实作饮料饮用的茶，也出自一种山茶科山茶属（*Camellia*）的植物，只是它开白色的小花，人们注重的是采集叶子喝茶，也就没有人栽培用来观赏了。

到明代汉族移民大量进入云南，云南和内地经贸文化交流急剧增加以后才有"滇中茶花甲于天下"之说。这是和江南的茶花比较的结果，云南很多茶花都比华东的花大、色艳，植株长得更高，旅行家徐霞客在《滇中花木记》中也称赞："滇中花木皆奇，而山茶、山鹃为最，山茶花大逾碗，攒合成球。"不过云南本地人赏山茶的

CAMELLIA JAP. LÉOPOLD 1ᵉʳ (Jean Verschaffelt)

♄ *Semis Belgique*   *Serre froide.*

《山茶》，
1845 年，
手绘图谱，
豪特（*L. van Houtte*）

《山茶霁雪图》，南宋，绢本设色，林椿，台北故宫博物院藏

历史无疑是悠久的，约在唐光化二年（899 年），统治云南的南诏国的画师绘就的《南诏画卷》里就有两株高过屋檐的山茶树，长在南诏王的花园中，开着千百朵大如杯盏的娇艳红花。这是中国绘画中最早出现的山茶形象。

和杜鹃花一样，四川的茶花最先为中原人所知。800 多年前宋代的四川人张翊写的《花经》里面就介绍了"山茶"，不过在他提出的花木"九品九命"等级体系中，山茶只是"七品三命"，远不如一品九命的兰、牡丹、蜡梅等受称赏。

与杜鹃花不同，山茶虽然可以在西南地区的隆冬绽放，却无法适应中原的气候，所以并没有得到多大的传扬，只有唐武宗时的宰相李德裕记载过他曾经把广东番禺的"山茶"及浙江会稽的"贞桐山茗"移植至洛阳郊外的别墅平泉庄，可那不是一般人能办到的。唐代人了解的主要是四川的山茶和浙江沿海的野生山茶。日本的山茶大概是遣唐使从浙江温州带回去栽培的，8 世纪的日本诗歌集《万叶集》里才第一次出现有关茶花的记载。

唐末曾在四川躲避黄巢之乱的画家滕昌画过《山茶家鹩图》，之后西蜀画家黄筌（约903～965年）在成都给王公贵族画过《山茶鹑雀图》《山茶雪雀图》《彩鸠山茶图》一类的画，说明这时候山茶在四川应该是极受重视的观赏花木。之后宋代好多画家喜欢这一题材。吴自牧《梦粱录》记载南宋京都临安（今杭州）有卖花郎沿街市叫卖茶花，还有园艺能手嫁接出一株上开十种颜色花朵的山茶。在长江流域，可以在冬春开放的茶花是当时园林中常见的花木。最初野生茶花多数都是开小花的，后来人们越来越重视那些重瓣、半重瓣、花色特殊的品种，相应的栽培选育也就开始了。

其中红山茶还在宋代和佛教拉上了关系，别名又叫"曼佗罗树"。实际上佛经中说的"曼佗罗花"应该是印度原产的白色曼陀罗花或者白莲花，和山茶是不相干的。在佛经中，"曼佗罗花"是种让人看了觉得"悦意"的祥瑞之花，大概宋代的文人觉得红山茶也让他们感到喜悦，就说它是佛经中的那种奇花吧。普陀山有很多红山茶分布，其中慧济寺后好几株现在已经有三四百年的历史，清朝康熙皇帝还曾为法雨寺题写"天花法雨"的匾额。

在茶花的品类里，最让文人感到兴奋的无疑是兼具茶花和梅花两种风格的茶梅，这种花木因叶似茶、花如梅而得名。宋代的人首先提到这种花，比如南宋陈景沂《全芳备祖》记载："浅为玉茗深都胜，大日山茶小海红，名誉漫多朋援少，年年身在雪霜中。""海红"即指茶梅，它的花要比常见的山茶花小，但也比梅花大很多，白色或浅粉红色的最多，有的还带有香味，在秋末冬初开花的时候尤其引人注目。它的花要比梅花姿态丰盈，枝叶也横向展开，疏朗雅致，作为篱垣最好不过。

正如李渔说的，茶花是"花之最能持久，愈开愈盛者"，在江南每年10月到次年5月间可以一直欣赏，所以宋代以后江南的寺庙园林中多有种植。苏州沧浪亭假山西北处的冬红山茶（*C. hiemalis*）高达20米，也在冬季发出一树的红花，至于拙

《暗绿绣眼鸟鸣于山茶树》，
1840年，
浮世绘，
歌川广重

政园十八曼陀罗花馆的名种"十八学士"山茶更曾轰动一时。山东崂山太清宫里有株传说是武当派鼻祖张三丰手植的茶花，以在冬天开花著称——在北方来说严冬开花的确是很难的，后来蒲松龄在《聊斋志异》还以它为蓝本写出了山茶花仙"绛雪"的情爱故事。

山茶科山茶属下有好几千个用于观赏的茶花品种，绝大多数都是美国、新西兰、日本等国的园艺家新培育的品种，但是它们的祖宗都可以追溯到中国西南的原生种。20世纪人们还在西南发现过新的野生茶花品种，比如60年代胡先骕等在广西陆续发现20多种金黄色的金花茶，让南宁金花茶公园成为重要的茶花繁育基地。

明朝的时候日本继续从中国引进很多茶花品种，16世纪后期的日本统治者丰臣秀吉嗜爱茶花，从中国、高丽引进了大量重瓣、有斑纹状花纹的茶花种在京都的西生寺，这里因此成为贵族追捧的看花胜地。之后的统治者德川秀忠也有类似的爱好，他收集的茶花品种近 100 种，栽植在江户城的花园。那时候茶花在日本最为流行。

据说意大利有座教堂的 15 世纪壁画中疑似绘有茶花，因此有人推测茶花大概明代就已经传入欧洲了。但有明确记载的是，1712 年德国医生、博物学家恩格柏特·坎普法（Engelbert Kaempfer）首次用图文形式把山茶花介绍给欧洲，他称之为"日本玫瑰"。他曾于 1890 年到 1892 年受雇担任荷兰东印度公司驻扎日本的商馆医生，于是详细观察并记录了日本的历史、社会、政治、宗教、动植物等情况。英国埃塞克斯郡的罗伯特·詹姆斯（Robert James）在 1739 年第一次把从日本来的活山茶树种到了自己家的花园。1797 年，山茶花又从英国传入北美的新泽西。

欧洲博物馆和殖民主义历史是关联在一起的，传教士、船长们也是那个时候的科学探险家，他们在这些地方收集各种植物、动物的标本运送到伦敦、巴黎的博物馆、植物园和私家园林中，进行研究或者观赏。比如 1820 年间的英国东印度公司总监里夫斯（Rawes）就从中国引进广东、云南的山茶花，并送给他姐姐在家里栽培，这才让欧洲人知道著名的云南茶花。1837 年英国园艺学会派遣来的园艺家罗伯特·福琼更是从中国引种过黄色茶花、云南山茶等十几种，他当年播种的怒江山茶（C. saluenensis）仍然在鲍特丘陵花园活着。之后不断有英国人、法国人把中国出产的各种山茶品种带到欧洲。19 世纪后期山茶花在英法极为流行，在与云南气候相近的法国不列塔尼半岛（Brittany）、凡第区（Vendée），山茶种植发展成为产业，据说光是在 1888 年 1 月 1 日那天，巴黎的中央市场就卖出了 12 万朵产自南特市的山茶花。

19 世纪 40 年代山茶花就开始在欧洲流行，巴黎的仕女们总爱将美丽的山茶花点缀在紧身礼服的衣领上，法国小说家小仲马于 1848 年写下传世名著《茶花女》，那种诉之于怜爱、注定要失去却又迷人的感情引起年轻读者的热烈反响。大仲马、小仲马父子以写作浪漫派通俗小说著名，他们的作品中常提到当时流行的花木。《茶花女》中女主人公玛格丽特所佩戴的白茶花"千叶白"（现称"雪塔"）据说就是

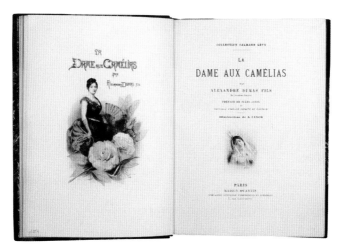

小仲马《茶花女》首版内页，*1890* 年

原产于中国，由一位英国东印度公司的船长在 1792 年带到英国并传入法国的。茶花女的原型杜普莱西 (Marie Duplessis) 是 19 世纪中期巴黎有名的妓女。从伯爵、外交官到欧仁·苏、法朗茨·李斯特、小仲马等著名的浪漫主义作家、艺术家都和她有交往，当时巴黎的时髦人士钟爱纤小苗条的她，而且她有一种乡野的自然风趣，茶花的白色似乎是她那因为肺结核病而显得苍白的脸色的表征，这更突出了她脸上不时出现的"玫瑰色"红晕和"细巧而挺秀"的鼻子，这给作家一种性欲上的联想。其实《红楼梦》里常生病的林黛玉也有类似的病态美，尽管就身份上来说她们完全不同。

茶花和梅花一样，是还没有完全被人类驯化并轻易用花盆种植的花木，这似乎是它们的魅力所在。尤其是云南大理附近的老山茶树，在山边、古庙里的宝珠山茶开出成百上千的花朵，让来这里越冬的人们可以感受到鲜明色彩带来的愉悦。

竹：

出尘入世同一枝

佛寺中爱种竹，边边角角总能找到一两丛。北京的红螺寺有元代的竹林，扬州大明寺的一小丛青竹也留在我的印象中，后来到印度迦兰陀去看佛陀居住过的竹林精舍。其实，竹在印度简直无处不在，并不需要刻意栽种。

竹子似乎是在南北朝时期进入中国文人的审美世界的，嵇康、阮籍、山涛、向秀、阮咸、王戎、刘伶虽然都生活在西晋，可是各有各的朋友圈，东晋人却硬把竹子和年纪相差很多、不一定实际交好的这七个人拉在一起组成"竹林七贤"这个偶像组合。也许，还真和当时佛教的传入有关，因为中国人以为出家人悠游在山林竹园之中，本来实用的竹子也顺带着就有飘逸的情调了。

常见的竹子不过毛竹、凤尾竹、淡竹、旱园竹、刚竹几种，但从植物学上来说，禾本科竹亚科里的竹族（Bambuseae）是个大家族，可分为十多个属，上千种植物。除了欧洲大陆以外，其他各大洲均发现过原生的竹子，其中东南亚、印度和中国是竹子分布最集中的地区。就竹子的使用而言，苏东坡说的"食者竹笋，庇者竹瓦，载者竹筏，炊者竹薪，衣者竹皮，书者竹纸，履者竹鞋，真可谓不可一日无此君也"在江南、华南、西南算是有点道理，而在北

《龙头竹》，1874年，手绘图谱，菲奇

方，竹子就少了，没那么常见，也不常用。但就文化形象来说，竹子在宋以后成为中国文化形象的重要组成元素，以致英国历史学者李约瑟说中国的文明乃是"竹子文明"。

六七千年前浙江余姚河姆渡的部落就使用竹制器物了，大约六千年前的仰韶文化出土的陶器上可辨认出"竹"字符号，殷商时代用竹子来做箭矢、书简，周代用竹子做乐器排箫，秦代拿竹子来制布、当笔管，少数民族也早就用竹材建造房屋来住。很多习俗、方法一直延续到现在，例如竹管毛笔、竹楼、竹棉衣服等，当然还有竹笋，从西周开始一直吃到现在，目前还是离大众生活最近的"竹子文化"。

可是竹子最重要的作用还是作为承载文字的工具——竹简。商代末年人们可能就已用竹子做简刻写文字，虽然那时候龟甲还是主流，到春秋战国秦汉时代，竹简变成了最常用的文化承载物，直至南北朝时期才被纸完全取代。

春秋战国时候儒、墨、道家诸学派的经典和史书《竹书纪年》《尚书》《礼记》和《论语》等都是书写在竹片上流传下来的，当时的人要把一片片竹简用牛皮绳串起来，编结成"册"或称"韦编"——当年孔子勤于读书，老翻来翻去牛皮绳就断开了，留下了"韦编三绝"这个典故。从"罄竹难书"这个成语就可以知道书简的重要性，这是说坏人作恶多端，把竹简用光了还没写完他的种种恶行。当然这是古人的文学夸张，南方的竹子长得又快又多，足够供给文人们书写。

竹子是世界上生长速度最快的植物，"雨后春笋"形象地说明了这一点，在春雨之后一昼夜最快能长高近半米，有些竹子的空心茎每天可长40厘米，50天左右就可长成高达20余米的新竹。长得快的秘密在于它的枝干分节，当其他植物只有顶端的分生组织在生长时，竹子却每节都在不断分裂生长，直到长成以后竹节外面包裹的鞘脱落，竹子才会停止生长。

就竹子的生理属性来说，最神秘的一点是关于竹子开花的争论。不论在中国或印度，都有竹子开花就会带来灾祸的说法。常见的植物要么像菊花、牡丹花、桂花、

《竹禽图》，北宋，绢本设色，赵佶，纽约大都会艺术博物馆藏

月季花等，一生中多次开花；要么像麦子、玉米、高粱、花生那样一年开一次花，然后结果、死亡。但是竹子很多年才突然开一次花，常在开花前叶色变黄，枝端长出像藤一样的东西，上面长有一些小颗粒，这就是竹子花，继之竹叶渐次脱落，竹材变脆，邻近的整片竹林相继开花、死亡，对以竹为主食的动物造成毁灭性的伤害。1984年夏季，四川卧龙自然保护区内的箭竹大量开花，大片竹林枯死，甚至让大熊猫因缺食而死亡。

为什么竹子开花后会成片枯死？有人认为是灾难性旱灾导致的，亦有人说因为啮齿类动物突然增多，吃掉了竹根。现在最流行的是"周期说"和"营养说"两种解释，前一说认为竹类是多年生的禾本科植物，与其他禾本科植物一样到一定的生长周期——只不过周期很长，几十年甚至上百年——后就会开花。古人对此也有总结，《山海经》中说："竹六十年一易根，而根必生花，生花必结实，结实必枯死，实落又复生。"后一说认为长期干旱、老鞭纵横等环境恶劣变化导致竹子营养不足，光合作用减弱，这也让它的糖氮含量维持在比较高的程度，促成了开花，而一旦开花，绝大多数种类的竹子都会把竹鞭和竹竿里保存的养分消耗掉，祸及生命。

虽然现实中的竹子总有死亡的那一天，可是在中国的花木象征世界里，竹子和松树一样代表着永恒。

中国最早的诗歌总集《诗经》中用"瞻彼淇奥，绿竹猗猗"赞叹河边绿竹的茂盛，这可以说是赏竹的一个源头，此外，秦始皇、汉武帝的宫廷园林中也出现过竹子的身影。可是就像大多数花木是在南北朝时得到文化意义上的"创造"和"赋予"一样，除了上面说的竹林七贤故事，那个时候也诞生了最早的咏竹诗及专著。世界上最早有关竹子的专著《竹谱》，成书于公元 3 世纪。东晋名人、书法家王羲之在《兰亭集序》里有提到"茂林修竹"，他的儿子王子猷说得更夸张："何可一日无此君！"

之后手拿毛笔的文人对竹子的亲近感就强烈起来，竹林成为容纳文人遐思的想象性空间。尤其宋代文人热衷欣赏竹子，松、竹、梅"岁寒三友"的说法是宋代才有的，它们是在冬天仍然可以欣赏的花木，也是德行的象征。至于明代人发明的梅、兰、竹、菊"四君子"的说法，却与"三友"有根本的不同，前者全是户外的树木，正是从乡村进入城市的文人一种心态上的微妙"出走"，而后者有点是在拼凑找话题的感觉。

苏东坡是"竹林七贤"之后的又一大文化偶像，他在黄州吃竹笋、游竹林，还写过很多和竹有关的诗歌，交好的朋友文同又是画竹名家，后来就成为各种佳话的来源。贯穿竹子象征世界的是儒家的入世和道家的出尘这两种人格理想，竹子一方面象征直挺、常青不凋、不畏严寒这种虚心进取、刚正坚贞的人格，同时也有山林隐逸的出世色彩，这正是竹子美学微妙的地方，进取者和退避者可以各取所需。

《平安春信图》，清代，绢本设色，郎世宁，北京故宫博物院藏

　　这是乾隆皇帝让宫廷画家郎世宁所画，追忆他和父亲雍正皇帝当年一起在早春赏花的场景，身侧是青葱的竹林，他一手搭在竹竿上，一手接过父亲给的鲜花一枝。这幅绘画似乎具有某种象征性，授和接有传承的意味，而竹林意味着某种永恒的背景。虽然乾隆皇帝时时不忘自己的满洲背景，但是他和父亲还是常常身穿士人服装，沉浸在汉族诗文图画构成的典雅文化氛围中。

未畫以前胸中無一竹既畫以後胸中不留一竹方其
畫時如隂陽二氣挺然怒生抽雪而萌
枝展雲葉實莫知其然而然韓幹畫馬
萬足皆吾師也予宿居天寧寺西書室後俊園竹十餘竿
皆吾師也濡何
師之板橋鄭燮

《风竹石图》，清代，纸本水墨，郑板桥，安徽博物馆藏

这一点在以画竹出名的清代画家郑板桥身上体现得特别明显，他以竹子的"坚劲"自许，却也不妨碍他厌倦官场之后"归隐都市"，在扬州以卖画赚钱。郑板桥画竹，也是一种艺术策略，记得他曾经论八大山人、石涛的区别："石涛善画，盖有万种，兰竹其馀事也。石涛画法，千变万化，离奇苍古，而又能细秀妥帖，比之八大山人，殆有过之，无不及处。然八大名满天下，而石涛微茸耳。且八大之名，人易记识，石涛宏济又曰'清湘道人'，又曰'苦瓜和尚'，又曰'大涤子'，又曰'瞎尊者'，别号太多，翻成搅乱。八大只是八大，板桥亦只是板桥，吾不能从石公矣。"

这是再明白不过的画家的"市场策略"自白：一是画一种题材好形成品牌，尤其是竹子这样简单易懂的；二是把艺术家名字和品牌紧密结合起来，像石涛那样老变换笔名，又画那么多不同题材的作品，容易让人混淆和遗忘。板桥在市场上求生存，才有此深刻体会。"扬州八怪"不折不扣就是当时艺术市场上的职业画家，郑板桥卖画给盐商和各种富户，打的就是竹子的品牌，原来是文人高洁情操的象征，现在走入各行各业的富户家中，也算是成了"普世文化符号"了。更早一些，比如唐寅画那么多美人图也是迎合市场所好，但是他羞于直白卖画，难免遮遮掩掩，有时候还要表示惭愧，有辱斯文之类。其实从当今的观点看来，这些在市场上卖画的艺术家，可比通过科考成为官僚而用各种"灰色收入"致富的官员正当多了。

因为承载了诸多文化意义，竹子在明清园林中自然是"标配花木"。无论毛竹、凤尾竹、淡竹、斑竹、箭竹、紫竹，江南的园林、佛寺都爱在院墙边种一些，四季带来青翠的绿意，风中有摇曳之声，月夜有清疏竹影。在当时文人的世界里，"丝竹"悦耳比不上竹林品茶的雅趣。在变动不居的世界上，竹子作为某种更为稳固的文化象征，四季青绿而没有诱惑性的大红大紫的颜色，"万花颜色终有谢，幽竹清阴待我归"，就像一位可靠可敬的挚友一样。

柳：

水和树的牵连

"柳丝长，草芽碧"，在长江以北柳树是最早返青的，悠长下垂的枝条在春风中飘拂，悄悄吐出一点点嫩绿，就像散漫的春光突然一下灌进人的眼里。这似乎也是提醒人们，赶快去江南旅行吧，北方乍暖还寒，江南已经春光无限了。

杨柳科柳属包含有 400 多种柳树，主要分布在北半球温带和寒带地区。中国是最早记载柳树的，甲骨文中已出现"柳"字，而欧洲也有好几种原生的柳树。公元前 4 世纪，希波克拉底发现咀嚼当地的柳叶可以减轻妇女分娩时的疼痛，中国、美洲原始部落的草药师也很早就发现柳树皮具有解热镇痛的功效。

让柳树皮有如此功效的是什么呢？ 1975 年，美国哈佛大学植物生理学家克莱兰发现捣烂的柳树皮汁中含有阿司匹林的主要成分——水杨酸（salicin），所以它的疗效是类似的。不过医药学家发现，阿司匹林对人体的解热镇痛作用是间接的，其真正的机理是阿司匹林促使人体分泌更多的前列腺素，从而调节各方面的生理机能，增强人对病菌的抵抗能力。日本植物学家美智子推测水杨酸发挥的作用类似生长激素，可以使柳树抢先抽芽吐绿，让它拥有极强的生命力，春天在河岸边随便插下的杨柳枝都可以存活，"无心插

《垂柳》，
1806年，
手绘图谱，
雷杜德

SALIX Babylonica.

SAULE pleureur. *pag. 113.*

P. J. Redouté pinx.

Gabriel Scalp.

柳柳成荫"这句诗并不算夸大。当然,柳树也会开花,早春黄绿色的小花会结出果实,裂开以后随风飘散的白色丝状柳絮就是它成熟的种子,如果在三四小时以内接触到湿润的土地它就有可能落地生根,所以河湖岸边常有柳树生长。

北方常见的是垂柳(*Salix babylonica*),与水岸组合在一起就成为一大景观。在湖边看纤柔的春柳随风轻摆,容易让人想到女子婆娑的娇态,难怪杜甫写下"恰似十五女儿腰"的感叹。柳树和女人脱不开关系多半要拜诗人们对树和女子的联想所赐,用柳夭桃艳形容女子的明媚之貌,柳弱花娇形容女子苗条妍美,柳眉形容女子细长的眼眉,可是当情窦初开的少女长大,他又责怪"颠狂柳絮随风舞",成为轻薄之徒的象征。更不济的,还可能沦落到"柳陌花街"中去听柳永低吟浅唱"杨柳岸,晓风残月"。

柳树可讲的故事很多,早期如春秋时代鲁国名人"柳下惠"的坐怀不乱,汉文帝时太尉周亚夫的"柳营练兵",都是作为不起眼的物质背景出现。东晋的诗人陶渊明在自己宅前种了五棵柳树,自称"五柳先生"。狂妄如隋炀帝杨广赐给垂柳随御姓叫"杨柳"的荣誉,他喜欢大运河两岸柳枝飘扬的风景,为鼓励人们种柳,还在公元605年发出榜文,每种活一棵柳树赏细绢一匹,百姓因此纷纷植柳,到白居易的时代已经是"西自黄河东接淮,绿影一千五百里"的美景。古人对这种人造景观有着特别的热情,当晚清的左宗棠率兵进军新疆的时候,也命令部队沿途遍植柳树,传出一段"左公柳"的佳话。

春天的柳树也和别离、伤感相关。从《诗经》的"昔我往矣,杨柳依依"开始,无数人就在柳树下离别。"柳"者,"留"也,重情的人长亭送别时还要折下柳枝相赠,表示挽留之心。这种习俗从汉代到唐代延绵不绝,文人、将军、商人们在长安灞陵桥离别的时候总要送上一段柳枝,万缕柔丝犹如心意一样绵绵,迎风飘拂的都是离情别恨。

柳条抽出浅黄嫩芽的时候正好是清明前后,所以宋代人有在寒食那天插柳枝踏青的习俗，还在头上戴个柳条帽来祛除瘟疫、宣告春天正式到来。民间传说中南海观音就是用柳枝来给人间播洒甘露祛病消灾。

在拉萨大昭寺，有传说中文成公主从长安带去的"唐柳"，可是最让人牵挂的还是江南的晓风、残月、垂柳。扬州平山堂有欧阳修手栽的垂柳，杭州西湖的白堤、苏堤也满是柳树，尽管这些树的历史已经无法准确考证了，可它们的故事还在流传：白娘子是在白堤的柳树下遇到许仙的，《牡丹亭》中杜丽娘与柳梦梅也在苏堤边种过一梅一柳。

中国原生的垂柳在汉唐时代沿着丝绸之路慢慢向中亚、西亚、欧洲传播，在近代突然加速。流传甚广的说法是，一个叫弗农（Vernon）的园艺家 1748 年为特威肯汉公园 （Twickenham Park）订购了一批来自中东的无花果树苗，可是他发现里面有几种送错了的其他树苗，于是他试着种下去，就长出了英国最早的垂柳——后来称之为"巴比伦柳树"。可问题是巴比伦并没有垂柳，这一"误会"源自近代植物分类学家林奈的错误：他以为《圣经·诗篇》第 137 节提到的河边长的植物是垂柳，可实际上那是现在中亚、西亚和中国新疆常见的胡杨（*Populus euphratica*，又称幼发拉底杨），那诗篇原文说：

> 我们坐在巴比伦河畔
>
> 一想起锡安就禁不住哭了
>
> 在河边的胡杨上
>
> 我们把竖琴挂了起来

胡杨和柳树是完全不同的植物，和柳树类似的是它的枝条上长毛，幼树的叶子也长的像柳叶，这主要是为了减少水分的蒸发。它比垂柳更适应干燥的气候和沙化土壤，沙漠河流流向哪里，它就跟随到哪里，因为它的根只能扎到地下五六米深处吸收水分，如果地下水位再低它就无法生存。我以前在罗布泊的楼兰古城见识过许多干枯的胡杨树，魏晋时候这个古城的建筑材料几乎都是大块的胡杨木，是当时丝绸之路上的繁华城镇，可后来不知道是因为水源危机、战争还是商道改变，突然就衰败了，现在只剩下些胡杨残木、佛塔遗迹让人回想它们在千年以前的繁荣。

还有种不靠谱的说法是诗人亚历山大·蒲柏（Alexander Pope）在 18 世纪初请一位西班牙女士给他邮寄垂柳树苗，这些树苗就是英国现在长的垂柳的祖先。蒲柏除了写诗，还写过一些关于园林设计的文章，但是这位造作的诗人显然不可能从当时还没引种过垂柳的西班牙进口这种植物。更合理的猜测，应该是最早和日本、中国做生意的荷兰人在 17 世纪晚期把这种树引种到欧洲的。不过中国原产的垂柳并不是很适应欧洲的气候，现在欧美种植的垂柳品种多是中国垂柳和欧洲一种白柳杂交出来的后代。

《柳溪钓艇图》，宋代，绢本设色，佚名，故宫博物院藏

槐：

古树在古迹

　　小时候在西北小城上学，每年 5 月在街道上闻到一股若有若无的淡雅甜香时，就知道是槐花开了。那几天整个城市都弥漫着槐花的香气，抬头能看到一串串黄白色小花藏在葱茏的枝叶间，还可以摘下来尝一下甜津津的味道。到 7 月，槐花还会再开一次，但不会散发出味道。

　　后来到北京上学、生活，一度住在景山公园后面的胡同里，常能见到老槐树的身姿，几个老人在浓郁的槐荫下喝茶聊天，有一股老派的悠闲。自然也知道景山槐树的典故：1644 年李自成的军队攻进皇城的那天晚上，崇祯皇帝亲手杀死自己的爱妃、幼女以后跑去景山上吊，据说是在一棵槐树下自缢的。具体是哪一处哪棵树没人说得清，可入关夺得天下的清皇室为了笼络人心，指定景山的一棵树为"罪槐"，用铁链加锁，算是开辟了个政治反思景点。可惜后来在"文革"中被红卫兵挖树毁根，现在的这棵是 1996 年公园管理处从东城区北顺城街 7 号移植来的古槐，只有 150 多年的树龄。

　　让我奇怪的是胡同里的槐花是七八月份才开花，不像我家乡的，问人才知道，北京老城中的这些树是土产的国槐（*Styphnolobium japonicum*），而我小时候见的是洋槐（*Robinia pseudoacacia*），洋

《槐树》，
1824 年，
手绘图谱，
若姆·圣伊莱尔

SOPHORA DU JAPON.

《洋槐》，
1826～1838年，
手绘图谱，
奥杜邦

槐因为褐色的小枝上靠近叶柄处常有小刺，又叫"刺槐"，每年春天四五月份开花，而国槐的小枝是绿色、无刺。

　　洋槐是近代才从西洋引进的，这种树是豆科刺槐属的高大乔木，原产于北美东南部，1601年由法国宫廷园艺师鲁宾引种到法国宫廷庭院，之后逐渐传播到欧洲、南非和亚洲的温带地区。1877年至1878年，中国驻日本使馆副公使张鲁生将刺槐种子带回南京种植，称"明石屋树"，当时只作庭院观赏，很少有人知道。1897年，德国入侵山东半岛以后，从德国大量引种刺槐在胶济铁路两侧种植。因刺槐这一物种来自国外，所以人们当时称为"洋槐"或"德国槐"，青岛有"洋槐半岛"之称。因为刺槐适应性强，生长快，后来华北、西北、东北到处移植作防沙林和行道树，我小时候生活的地方是个新建的工业城市，自然也多种洋槐。

和洋槐相对的国槐自然是中国人最早开始种植的，2000多年前的《山海经》《尔雅》已经提到"槐"。中国栽培槐树的历史可以上推到周朝，据说当时的朝廷里要种三槐，太师、太傅、太保"三公"分坐其下，后来国槐就成为宫中、国子监和贡院必栽之树，又有"宫槐"之称。汉朝称皇帝宫殿为"槐宸"。普通人家也爱在门前户外种槐树，既可以遮阴，又有期许子孙位列"三公"的意思。相传槐有"灵星之精"，有公平判断是非的能力，在《春秋元命苞》中有"树槐听讼其下"的记载，在戏曲《天仙配》中有槐树下判定婚事，后又送子槐下的情节。这估计和秦汉以前村落祭祀社神的习俗相关，古人往往以大树、木柱、石柱等为社神的象征，在大槐树下集会让神判断是非，在当时可能是乡村、部落解决争议的常用方式。

国槐夏天开放的蝶形小白花中间有一点黄色，11月成熟的果实像五六厘米长的小豆角，常挂在树梢经冬不落。种子外面有黏性的果皮，能抑制种子萌发，只有经过鸟儿喙啄或者肠道消化让种子暴露出来才有发芽的可能。

北京故宫里少不了国槐，尤其是武英殿断虹桥边的"紫禁十八槐"，是当年权贵出入西华门必经的，见证了明清无数的盛衰繁华；皇家修建的北海公园画舫斋古柯庭前的"唐槐"则有1300多年的历史；国子监里的"双干古槐"据说是元代国子监第一任祭酒许衡所植，在明末的时候干枯了，可到清乾隆年间忽又萌发，凑巧正值慈宁太后六十寿辰，所以各路权贵纷纷称颂，号为"吉祥槐"。北京以前的行道树也多用国槐，现在北京二环路以内的正义路、东交民巷、西交民巷、南池子、北池子、南长街、北长街等道路上还有1935年至1938年间栽植的国槐行道树。

汉代，京城长安的大道两侧就尽植槐树，一直持续到唐宋。诗人常常写到他们奔波在追寻功名的"槐路"上，那里留下了他们无数个脚印、梦想和孤寂的夜晚。到现在，各地的乡镇还保存着不少古槐，比如山西省平定县西锁簧村的汉代古槐树

19 世纪《园艺》图书中的洋槐，1874 年

已经有 2000 年的历史，河南封丘县陈桥镇有一株古槐相传是赵匡胤拴过马的——多少有点附会的意思。

　　唐朝人李公佐的小说《南柯太守传》写一个失意游侠之士淳于棼豪饮槐下，醉卧梦中进入大槐安国娶公主为妻，做南柯太守享福，不久公主病死，国王颇为疑忌，夺其侍卫，禁其交游。荣华富贵醒来却是南柯一梦，只见到槐树干下的蚁穴而已。明代汤显祖的著名戏剧《南柯记》也是从这延伸出来的。

　　古槐不仅是淳于棼的梦乡，也是我祖先的"临时故乡"。我小的时候爷爷说我们家族是几百年前从大槐树下迁移来的，长大才知道那是在山西洪洞的一处著名遗

《槐荫消夏图》，北宋，绢本设色，佚名，北京故宫博物院藏

迹。元末明初的战乱、水灾、饥荒让两淮、山东、河北、河南百姓十亡七八，几成无人之地，而山西侥幸保得一方平安，人丁兴旺，外省也有大量难民流入山西，致使山西成了人口稠密的地区。为了复耕荒地恢复经济，从洪武初年至永乐十五年，明朝廷在五十年里组织了八次大规模的移民活动，主要是把山西的民众迁移到河南、河北、山东、北京、安徽、江苏、湖北、陕西、甘肃、宁夏等地。

当时洪洞县是山西南部人口最多的县，迁出去的人也最多，疏散人口的地方就是洪洞城北二华里的广济寺，寺旁有一棵汉代种下的大槐树。上百万的移民在寺观里领取凭证，按"四口之家留一，六口之家留二，八口之家留三"的比例迁移。现在看来这是中国古代最大规模的有组织移民活动，有恢复经济的意义。可是对那个时代的移民来说，背井离乡到陌生地方开荒种地不一定是好事，当时为防止移民逃跑，还派官兵沿途监护，甚至把移民的手捆起来用一根长绳连接在一起。从这个疏散点离开山西的人，自然不会忘记那棵巨大的槐树。可惜，那棵见证了百万移民的槐树已经毁于洪水，据说现在这棵是清代补种的。

其实任何一棵古树都是有故事的，树下走过无数的人，发生过各种故事。在中国，寺观中往往保存着最老的树木，比如天津蓟县的青云寺残址上有活了上千年的古槐树，五台山的尊生寺有两棵宋代古槐，北京戒台寺门口的古槐据说是辽代的。尽管千百年来王朝不断更替，木头的建筑也在朽坏改变，可村民、文士、官员乃至皇帝多数对出家人还保有一份尊敬，让这些寺庙和里面的树木得以劫后余生。

枫：

唐突红叶

我在北京住了十多年，没能看到所谓的香山红叶，不是去早了，叶子还没红，就是去晚了，满山枯叶，或者，正红的时候听到交通广播说香山进出的路上人山人海，怕堵车就打消了去观望的兴致。去过更远的坝上、阿尔山，也见过一些红叶。对赏秋来说，全红也未必好看，一点红，再配上白桦、银杏金黄的叶子也相宜。

既然赏的是红叶，多数人并不关心具体是哪些树，比如北京香山的红叶主要是黄栌，掺杂着柿、枫、野槭，此外黄连木、水杉、漆树、栒树、乌桕有红叶，蔷薇科、锦葵科、杜鹃科的一些落叶灌木到秋天的时候叶子也会转红，虽然风姿没有枫树手掌形状的大红叶子那样引人注目。

叶子能变红的植物多属于槭属，大约有近两百种，大部分品种都来自于亚洲和美洲，在欧洲只有很少一部分原生枫树经历冰河期残存下来。中国境内，华北多是元宝枫（*Acer truncatum*），南方多为鸡爪槭（*A. palmatum*）。著名的"枫叶之国"加拿大境内有很多枫树，尤其是作为国家象征的糖枫（*A. saccharum*），从魁北克到尼亚加拉大瀑布的所谓枫树大道上，沿途汇集了湖、河、树、村镇的美景，一向是著名的旅游路线。在欧洲移民进入加拿大之前，印

Pl. 42

《糖枫》，
1819 年，
手绘图谱，
雷杜德

H. J. Redouté del.

Gabriel sculp.

Sugar Maple.
Acer saccharinum.

第安人还把枫树汁作为饮品，因纽特等部落也效法利用枫树这一功能，并视枫树为幸运之树，将枫叶看作他们生长繁衍的这方土地的象征。

对中国西南的少数民族苗族来说，枫树的宗教意义更为宏大。苗族经典《苗族古歌》里说苗族先祖蝴蝶妈妈是从枫树心生出来的，所以苗族崇拜枫树，村前寨后都有枫树，祭祀时会在树下焚香烧纸。更隆重的祭祀神枫树和蝴蝶妈妈的鼓藏节每12年举办一次，每次持续达4年之久，他们用枫树做成木鼓，以血缘宗族为单位组成"鼓社"进行祭祀。也有说苗族始祖蚩尤与炎黄部落逐鹿中原时战败，死于黎山之丘，兵器化身为片片枫树林，鲜血变成了一片片的红叶，从此在异地他乡的后人们就以枫树为祭奠对象。这大概记述的是古代苗部落和夏部落多年争战，最后不得不向西南的偏僻山林迁徙的历史。

枫叶为什么能从绿色变成黄色、浅红、橘红？这和色素的不同含量有关，刚长出来的时候它和正常的叶子一样含有大量的叶绿素——这是种容易变化的色素，另外还有比较稳定的橙色类胡萝卜素和在酸性环境中呈红色的花青素等，夏天的日照让新产生的叶绿素源源不断代替那些快褪色的老叶绿素，让叶子持续保持稳定的绿色。可是随着季节更替，日照不再强烈、气温变低，叶绿素更新变慢、逐渐褪去，而类胡萝卜素仍留在那里，于是叶子就变成了黄色，接着花青素大量增加，让叶子呈现出红色来。

很多人把秋季在枫树上看到的粉红色蝴蝶形裂果当作花，其实那是枫树的果实。枫树开花是在春季，随着萌芽的幼叶开出黄绿色的颗粒状小花，一般人不会太注意。

中国特有的枫香树（*Liquidambar formosana*，也称丹枫、红枫）属于虎耳草目枫香科枫香树属的植物，按照现代植物分类学，是与枫树不同科的植物。它的果实是圆形的，就像梅子一样，叶子也是"互生"的，而常见的枫树的叶片应该是成对成对长出的"对生"模式。

枫香树早在《尔雅》中就有记载，它的树脂"枫香"在唐代就被当作药材了。但是中国古人当然不知道后世的所谓植物分类学，也不会区分枫树和枫香树的叫法。

《青枫巨蝶图页》，宋，绘画，北京故宫博物院藏

其实除了较真的植物学家，现在大家还是会指着任何秋天的红叶说那是"枫叶"吧。

西晋潘岳在《秋兴赋》中有"庭树槭以洒落"之句，说明那时已经有人特意将槭树栽在庭院中观赏。长在山崖上的红叶只能远望，掉在宫墙外的红叶却可以演绎出文人们的才子佳人臆想。古书里记载唐宣宗时中书舍人卢渥偶过御沟拾得红叶一片，上题诗曰："流水何太急，深宫尽日闲。殷勤谢红叶，好去到人间。"后来他娶得一位宫中裁减出来的宫女韩氏，题诗的人正是她。宋元的文人把这个故事改编成曲折而浪漫的小说、戏曲上演，满足当时城镇里"市民"对艳遇的想象，而"高眉"的欣赏者也可以从中挖掘出"世事无常、因缘聚散"的空幻感。

真正有趣的知识传播故事是，300年前日本人从中国引种枫香树到东京一带种植，称为"唐枫"，可是100年后日本人小野兰山认为唐枫和日本本地的枫树有所区别，就把日本原有的一种枫树改叫作"槭树"，后日本学者按照瑞典人林奈的命

林明為

名方式编辑植物学大辞典的时候就把这类植物都归入槭树科。这种"科学命名方法"在 20 世纪初传入中国，于是中国人习称的枫树——诸如元宝枫，鸡爪槭——都变成槭树科下面的植物了。

加拿大的秋叶太浓密，一排排连绵不绝，浩如烟海；而中国古代画家笔下的枫林图多是画山边、寺观的一角，也许是山路边的一两棵树，也许是山脚的一丛树，有起伏，有留白，还要有那种悠悠白云缭绕的飘逸之气作为陪衬；如果时间足够的话，雅人们还会烧枫叶来煮茶；杜牧也在《山行》中写过"停车坐爱枫林晚，霜叶红于二月花"，他倒是比那许多"悲秋"的诗人洒脱。

另一首和枫树有关的著名唐诗是张继写的《枫桥夜泊》：

> 月落乌啼霜满天，江枫渔火对愁眠。
>
> 姑苏城外寒山寺，夜半钟声到客船。

月落的时候诗人还在听一声声的钟声，情趣和杜牧那样悠游的心态是不同的。如此场景下，和摇曳飘忽的渔火"对愁相眠"的不论是游子、显宦、艺妓，大概都会产生收不住的想念萦绕心头，看着幽幽的河面发一会儿呆吧。

"江枫渔火"，枫叶艳丽、短暂的生命力和瑟瑟江水流淌消失的特性——就像"红叶题诗"典故里的水一样，象征世事浮沉易变——形成一种对比，颜色、季候已经成为诗人敏感的生命体验的呼应。可诗里的"江枫"让考据家们争吵了很久，有人说指的是江边的枫树，也有人说是寒山寺前的"江村桥"和"枫桥"，更有人搜索旧书，说"江枫"是后人抄写错误，本来应该是"江村"。

可惜这些文人的悠然感喟和传统绘画题材在"文革"期间被认为是"消极价值"，倒是鲜艳的"红色"被赋予新的寓意，象征革命的血泪斗争、建设新社会的热血澎湃、新国家的蒸蒸日上之类，新环境下的文人、画家们也就开始创作诸如"万山红遍""红日""红妆"之类的新题材来呼应，这时候绘画中的红叶自然不能太少，要大红特红，格外突出。

银杏：

孑遗的高大上

银杏树称得上高、大、上。秋天来临，银杏叶逐渐变黄，到深秋一片金黄，望过去，平直高挺的主干上面枝条聚成圆锥形，疏密有致的扇形叶片已经变成柠檬黄色，还会随着阳光的映照不断微微变换色彩，时而通体黄成一片，时而露出光影斑斑，再以纯净的蓝天做背景，真是明爽到心眼里去了。风吹来，树上的叶子飘飘落下，铺成一地锦绣，漫步其间也似乎有了暖意。

银杏（*Ginkgo biloba*）容易讲成故事，因为它足够老。首先它牌子老，它是裸子植物银杏门现存唯一物种，同门的所有其他物种都已灭绝，因此被称为植物界的"活化石"。银杏类植物在侏罗纪和白垩纪早期鼎盛，银杏类的五个科同时存在，广泛分布于除赤道外的世界各大洲。但白垩纪后期随着气候变化，当被子植物迅速崛起时，银杏类植物像其他裸子植物一样急剧消亡。250多万年前发生第四纪冰川之后，中欧、北美等地的银杏全部灭绝，亚洲的银杏也大量减少，中国西南气候温和的山野成为它们最后的栖息地。

其次它活得久，寿命可达3000年以上。贵州省盘县石桥镇妥乐村拥有千年古银杏树1145株，是世界上古银杏生长密度最高、保存

《银杏》，
1926 年，
手绘图谱，
艾米莉·伊顿（*M.E. Eaton*）

GINKGO BILOBA

最完好的地方。最小的有 300 多岁，年长的上达千年。如此集中连片且与村寨融为一体的古银杏群落，在世界上十分罕见，因此这里被誉为"世界古银杏之乡"。湖北随州市曾都区洛阳镇也有一处千年古银杏树群落，绵延 12 公里，有千年以上银杏树 308 棵，百岁以上银杏树 1.7 万多棵。其他如贵州省的凤冈县进化镇沙坝村、大方县雨冲乡红旗村、长顺县广顺镇石板村天台山、福泉市黄丝镇李家湾、湖北神农架、安陆市王义贞镇、巴东县三关镇、重庆巫溪县等地都分布有古银杏林。除了上述西南省份，最东到浙江天目山，最北到甘肃陇南徽县嘉陵镇田河村都有千年古银杏林，中原的河南嵩县也有成片的古银杏群落。

总体而言，贵州、云南、重庆等西南地区的银杏原生地的古银杏广泛分布在山野、村落，而华北、华东、西北等地的古银杏多数比较孤立，大部分在古寺庙内外，比如山东莒县浮莱山定林寺有 4000 余年的银杏树，河南桐柏淮源镇清泉寺有一株 2000 余年的古银杏，江苏邳州市四户镇白马寺有北魏年代的古银杏，上海嘉定安亭镇古树公园——这里原来是老顾庙遗址，是为了纪念南朝梁陈时期的才子"野王顾亭林"而建的——有一棵千年古银杏。在北京，潭柘寺毗卢殿前东侧有唐代、辽代的古银杏，香山植物园内卧佛寺三世佛殿的东西两侧各有一株 800 多年的古银杏树，大觉寺无量寿佛殿北面有辽代的银杏，西山大悲寺大雄宝殿前有两棵元代的古银杏，海淀区的国家图书馆曾是元代的大护国寺所在，也有两株 700 多年历史的古银杏树。

华东、华北、西北山野的银杏林应该是很早以前由飞鸟或人工引播的，而寺庙之所以多古银杏树，或许有两种情况：其一是僧人们建寺前选址就特意找有大树、古树的地方，因为佛陀当年在树下证道，树也是一份心灵的依托；其二则是修建寺庙以后，僧人特意栽种稀奇的树木来装点寺院。两者并行，寺庙自然多古树、多银杏了。银杏和佛寺有缘，所以信佛的唐代著名诗人王维也曾作诗歌咏："文杏裁为梁，香茅结为宇，不知栋里云，去作人间雨。"这里的"文杏"就是银杏的别名。

后来有人附会称银杏是佛教圣树，甚至有称银杏树是从印度传来的说法，那是有点滑稽了。

关于银杏如何从中国传到日本有两说：一说是在南北朝至隋唐时期，大约在公元 6 世纪从陆路传到朝鲜半岛，以后又由朝鲜半岛经海路传到日本；另一说则认为是在唐朝盛世，日本遣唐使和僧人从中国引进银杏，经海路传入日本。日本的古银杏大多栽植在日莲宗和净真宗等高僧传教时到过的寺庙，相传日本的高僧常砍下银杏枝作手杖到全国各地去传教弘法，所以银杏在日本北起青森、岩手，南到德岛、高知、熊本和宫崎等地均有分布。日本的东京大学、韩国的成均馆大学还因为所在的地方有古银杏，采用银杏叶作为校徽上的标志。

欧洲最早知道银杏的是德国博物学家坎普法，他于 1690 年作为船医随荷兰贸易代表团来到日本，在寺庙中见到银杏树，后来他在 1712 年出版的《可爱的外来植物》(*Amoenitatum Exoticarum*) 一书中根据所采标本对银杏做了详细的陈述。荷兰的乌得勒支植物园 1730 年第一次从日本引种了一株银杏，意大利北部的帕都瓦大学植物园的银杏树系 1750 年以前所栽。英国的皇家植物园邱园的第一株银杏为 1754 年所栽，而今欧洲各地植物园都种有银杏，其中 1761 年种植于邱园的一株银杏雄株最为著名，至今仍枝叶繁茂。

1784 年银杏由英国引入北美，一雌一雄两株银杏树栽植在宾夕法尼亚的费城汉密尔顿私人庄园内。此后，美国又从中国直接引进银杏，大多植于公园和城乡道路两旁。银杏在加拿大沿圣劳伦斯河一带生长也十分旺盛，是当地的一大景观。

德国诗人歌德一向对东方来的思想、物品有特别的兴趣和想象，曾专门移植了一棵银杏树种在小城耶拿的自家花园中，后来又在魏玛的住所前种植了数棵。66 岁时他爱上了好友的未婚妻玛丽安娜（Marianne von Willemer），曾于 1815 年 9 月 15 日写下著名抒情诗《二裂银杏叶》，选了两片被秋天镀成金黄的银杏叶贴于信纸上，寄给自己的心上人：

生着这种叶子的树木

从东方移进我的园庭；

它给你一个秘密启示，

耐人寻味，令识者振奋。

它是一个有生命的物体，

在自己体内一分为二？

还是两个生命合在一起，

被我们看成了一体？

也许我已找到正确答案，

来回答这样一个问题：

你难道不感觉在我诗中，

我既是我，又是你和我？

（杨武能 译）

《二裂银杏叶》手稿，1815年，
歌德，魏玛歌德故居藏

《歌德与玛丽安娜画像》

菩提树：

有无之间

世界上最著名的那棵菩提树（*Ficus religiosa*）在印度，在菩提伽耶。

传说，2500 年前王子还是凡人的时候，生老病死纠缠着世间的可怜人，让敏感的他感到烦恼，于是逃避到荒僻的丛林苦修，整天只吃一麻一麦，试图找到超越世间纷扰的道路。可是六年的修行匆匆过去，他还是一无所得。一天他在尼连禅河中洗过澡，坐在树下休息时，路过的牧羊女苏迦塔奉献羊乳给他，修行的王子打破了苦行的执念，吃了饭食反倒更坚定了求证的信心——苦行和享乐也不过是两个极端，而他试图找到超越两极的东西。35 岁时，他走到一棵毕钵罗树 (pippala) 下入定，发誓如果不能大彻大悟就终身不起。按照传奇的说法，他战胜种种迷思，在第三天晚上开始觉悟，到启明星升起的刹那发现"缘起性空"的真谛，终于大彻大悟。这以后他继续静坐，完善自己思考的路径，推究如何把这些体悟传达出去，在七个不同的地点一共静坐七七四十九天之后才起来，然后去鹿野苑向世人传法。

迦毗罗卫部落的王子乔答摩·悉达多就这样成为觉悟者释迦牟尼。因为佛陀的觉悟，毕钵罗树也就有了"菩提树"这个更广为人

Plate I.—Pagoda Fig of India (*Ficus religiosa*).

19 世纪英国出版的《植物的历史》一书中印度菩提树的插图，1867 年，手绘插图

知的名字，汉语"菩提"就是对梵文"觉悟"（bodhi）的音译。

我去菩提伽耶并不想寻找成佛的秘诀，仅仅是好奇这棵菩提树现在怎样了。记得十多年前读佛经，曾想象这是怎样一种神奇的、有着魔力的树木，"枝叶青翠，冬夏不凋"。等来到热带的印度，却发现这仅仅是种常见的树木，就像我身边常见的杨树、柳树一样，而且热带的花木都是四季常青的。它的树干凹凸不平，外皮灰色还带有黄白色的斑痕，稀疏的枝条从树冠拖下来，唯一特别的是那心脏形状的叶片，有点像以前人们用的小蒲扇的造型。

菩提伽耶的丛林中有许多巨大而古老的菩提树，但菩提寺大塔西侧的这一棵还是因为佛陀的传说而与众不同。塔和树，就像坚定的信仰和温柔的拥抱，构成一种微妙的关系。在树下，从清晨就开始聚集各种面孔，或者在禅定，或者在膜拜，或者只是像我这样在抑扬顿挫的念诵中安静地等待太阳升起的那一刻。西藏僧侣们绛红色的佛袍最为引人注目，他们虔诚地四肢着地礼敬佛祖，就像拉萨大昭寺前的情景一样。让我惊讶的是除了东南亚、中日韩的僧人和居士，也有金发碧眼的洋人穿着绛红色的僧衣磕头行礼。

佛陀成道的时候菩提伽耶仅仅是荒野中的一处丛林，如今这里已经变得热闹非凡：围绕着菩提伽耶寺的是密密麻麻的住宅、旅馆、餐厅和佛寺，穿黄色衣服的东南亚佛教徒和各地居士们的到来，驱动这个小镇的旅游经济不断膨胀，也吸引了商贩的叫卖声和乞丐们灵敏的嗅觉。初次来这里的人可能会被那些乞丐过分的热情吓到，他们会在你下车的时候一窝蜂拥过来纠缠不休，试图把每一个游客的善心都具体化为钱币压榨出来。

中国、日本、不丹、缅甸、泰国、斯里兰卡等国佛教组织和僧人也在小镇里陆续修建了许多新的寺庙，多重屋檐的泰国寺庙以金光闪闪的色彩招引人们的眼睛，日本佛教徒用纯洁的白色佛塔展示他们平和的信仰，尼泊尔的寺庙和西藏寺庙一样有双鹿听经图案的铜饰，而中华寺的看家和尚用汉语招待华人游客的样子也让我有点穿越地理时空的感叹。这也许是所谓全球化时代的新现象。在唐宋的时候，中国的僧人不远万里坐船、走路，花费数月时间才能到这里礼拜圣地、学习经文，而今天成群结队而来的游客仅仅需要坐飞机再换乘大巴就可以轻易到达。

后来在博物馆发现，我看到的这棵菩提树已不是佛陀曾经徘徊其下的那棵。在佛教历史上，它寄托了信徒的念想，也招来了异教的嫉恨。传说公元前 3 世纪印度最勇武的人，孔雀皇朝的阿育王刚继位的时候信奉外道，无法忍受人们膜拜那棵树，让人把树分寸砍碎，连夜放火焚烧，可就在熊熊烈火中突然生出翠绿的树苗来，让阿育王震惊不已，心生忏悔，下令灭火，用香乳灌溉它们，到天要破晓的时候菩提树已经长成原来的样子。后来国王常常在树下朝拜，可信奉其他宗教的阿育王妃子却又派人把树砍掉，等到第二天阿育王前来礼敬，吓得昏倒在地，他四肢着地虔诚祈祷，用香乳灌溉残根，结果树根上再次长出参天大树来。后来，公元前 288 年阿育王的女儿僧伽密塔公主出家为尼，到斯里兰卡弘扬佛教的时候，从树上折下一根枝条带过去，种在阿努拉德普勒的麦哈维哈拉大寺中，至今仍然枝繁叶茂。

公元 600 年，菩提伽耶的菩提树再次遭到破坏，又一位信奉外道的国王——掌握权力的国王似乎是古代宗教兴盛和衰亡的关键因素，全取决于他们相信与否——孟加拉国王设赏迦（Sasanga）下令毁坏菩提伽耶的寺庙和圣树。直到 20 年后，普纳瓦玛国王（Purnavarma）从斯里兰卡的麦哈维哈拉大寺那棵树上移植来树苗，新的菩提树再次生长起来。

唐代高僧玄奘的游记里提道，佛教兴盛的年代里，每年佛陀生日那天的庆典上，有成千上万的信徒聚集到菩提伽耶，在音乐声中将香水和牛奶涂在这棵枝叶繁盛的圣树主干上，给它奉上鲜花、檀香、樟脑作为祭品，国王们还在南面、西面、北面砌起砖墙保护大树，修建巨大的沟渠来引水浇灌。

千年以后，英国考古学家亚历山大·康林汉姆于 1862 年找到这片佛教遗址时，这棵树已经严重枯朽，主干上的树皮剥落，只有向西的一根大枝干上的三条分枝依然苍翠，到 1875 年他再来的时候，整棵树都朽烂了。好在之前他们已经把这棵树上折下的嫩枝种在旁边，经过一百年又长成巍峨的大树，为远道而来的信徒遮挡暴烈的阳光，也接受来自他们的礼敬供养。对佛教徒来说，重要的并不是它多灾多难的历史，而是它的象征性意义——佛祖的化身，悟道的象征，以及地理上的纪念性。

关于佛陀悟道过程的传说或许有夸大的部分，但是当时到树林中苦修是印度原始婆罗门信仰的常规，几乎每个祭师、贵族武士家族的人成年后都要到丛林中住一段日子，专心从事祭祀和冥想。印度河流域出土的 3000 年前的黏土印章上就有修行者趺坐冥想的形象，这或许就是原始瑜伽的雏形，其要诀在于通过控制呼吸、动作、摄取食物、排泄、休息、睡眠来让身体的适应力提高，从而获得某种预见能力和身心愉悦感。在佛教兴盛之前，婆罗门教沿用古印度本有的瑜伽修持方法，同时融入了更多的宗教体悟色彩，由早期追求身体的适应力上升到体验"梵我一如"的宗教哲学。而佛教从佛祖在菩提树下入定开始，也一直讲求"禅定"的冥想之法，这至今还是佛教徒日常修行的方式之一。

释迦牟尼在树下的悟道带给后世万千信徒新的生命路向。这甚至也影响到我们日常的生活，中国人农历腊月初八有吃腊八粥的习俗，就因为当初牧羊女苏迦塔奉献的羊乳粥饭滋润了佛祖的肉身，所以后世的佛教徒在佛陀成道日煮粥供佛，逐渐演化为民间吃腊八粥的习俗。

据说，菩提树最早是在 502 年梁武帝的时候由印度僧人智药三藏航海引种到广州王园寺（光孝寺）。禅宗六祖惠能即在此菩提树下剃发，开东山法门，且写下著名的偈句："菩提本无树，明镜亦非台。本来无一物，何处惹尘埃。"可惜原树在宋代已经湮灭，现在殿后的那一株是清代中叶补种的。现在国内只有泉州开元寺、广州六榕寺有古菩提树。而在全民信奉南传佛教的西双版纳傣族地区，几乎每个村寨和寺庙的附近都栽种有菩提树，每到佛节人们就在大菩提树干上拴线，献贡品。

据《旧唐书》记载，印度北方的摩迦陀国曾遣使向长安的唐代皇帝朝贡菩提树。但是，菩提树这种热带树种在北方是无法生长的，至今北京两家植物园里的菩提树——分别是印度和斯里兰卡政要赠送的——还只能生活在温室中，所以唐宋元明清几个朝代诗人们描写称颂的中原、江南所谓的"菩提树"多数是出于误认和文化想象，和真实的菩提树这种植物不一定有关。

如唐代诗人皮日休写到的浙江天台山国清寺的"菩提树"就不是印度的那种热带植物，而是温带的椴树。椴树属的树在中国有好多种，如小叶椴 (*Tilia cordata*)、华椴 (*T. chinensis*)、华东椴 (*T. japonica*)、南京椴 (*T. miqueliana*) 等，一般泛称椴树。椴树的叶子和菩提树有点像，也是向内凹呈心形，僧徒还用它结出的种子来做佛珠。天台山僧众的"错认"远播海外，连日本、韩国的寺观也把椴树当作菩提树。而在北京，紫禁城英华殿院子里的两株椴树也被明清两朝的皇帝们当作"菩提树"认真对待过几个世纪，写过的诗文就有好几首。

中国人对菩提树的误认也映射在文化交流和翻译中，如晚清、民国有人把柏林的"椴树下大街"（Unter den Linden）叫"菩提树下大街"，这个和佛教结缘的神秘植物的名称就以翻译的虚拟方式走入柏林这块基督教土地，流传到现在，连德国人用椴树的花、叶泡制的茶"der Lindentee"在中国也被翻译成"菩提茶"。其实，德国乃至整个欧洲的大部分地方气候和中国北方差不多，在露天是无法种植菩提树的，他们种的是小叶椴。

这种误认并不仅仅是知识上的错位，也是文化上的"误会"——要么是近代最早到柏林游历的日本人误认柏林的椴树为菩提树，而后这种说法又传到中国；要么就是那些早期到柏林留学的江南学子见到柏林的椴树和他在故乡的寺观常见的所谓"菩提树"长得一样，就把这条街叫作"菩提树下大街"了。

在国内，从南到北的寺庙里差不多都有自命的"菩提树"，江南寺庙的椴树、无患子树，黄河流域的银杏树，只要是古老高大的树木都俗称"菩提树"，青海的塔尔寺干脆用一种暴马丁香树（*Syringa reticulata*）当"西海菩提"了。

《十八罗汉图》，
17 ~ 18 世纪，
菩提叶画，
纽约大都会艺术博物馆藏

　　文人的误会和信徒的顶礼膜拜，如果佛陀可以看到这一切的话，会有怎样的感想？佛祖在世时是反对偶像崇拜的，可是在他灭度以后，佛徒还是通过礼敬他的舍利、生前的用具和到过的地方来表达纪念，随着僧团不断扩大，信众增多，佛徒开始造像，偶像崇拜的气息浓厚起来，各种神奇的传说不断繁衍出来。不过退一步来说，偶像崇拜和反对偶像崇拜又似乎各是一种执念，而佛陀反对一切的执着，因此拜不拜只是临时的仪式，觉悟道路上的幻境而已。如此一说，中国古人对菩提树的"误认"倒也显得洒脱：树树皆菩提，可以是任何树，也可以不是树，用心栽培就好。

野草：

远望

　　每一株野草有它的学名——苜蓿、狗尾草、马唐、小毛蕨等，但是当一大片草集中出现在面前的时候，我和多数人一样不在乎具体每种草的名字，它们就是野草，无以命名的、赤裸裸的存在。

　　野草是绿色的，尽管程度有浓绿、浅黄等差别。它们杂乱地一起显露、呈现，就像群众一下子涌到街巷、广场上狂欢一样。

　　身前的野草比人矮，逐渐地，最远方的野草却和天地交接，于是，它们就成为一种可以俯视的无穷，一种可以观望的未知之境。

　　不像花，那种炫目的色彩诱惑人命名它、辨认它；而草，数千万、亿万的草，简单地称为野草就够了。丛生的野草不是聚集于某一中心挺立、绽放，而是弥漫于天地之间的繁茂生命，没有事先确定的线索，没有合理的距离，没有规定的连接，将我们带向大地的尽头，带向弥散性的空间。

　　野草生长、枯黄、掉落，每年一度的生长周期维系着连贯的时间韵律和自然秩序，同时又以整体的蔓延之势、无尽之形构成全部的印象。这是一种不断建构—瓦解的双重运动。在时间流动中，铺陈的丛丛野草持续以间断—迭印的形式干扰、瓦解空间领域的规整性，既带来压抑，又鼓动逃逸。

当有一棵树、一块石头或者一个人立在那里时，野草就成为一种对应的存在，低矮、却无限地蔓延着的、纵向的力量和向四周扩散的平面之间形成的张力在拉锯。

当你完全立足在草中央，视线向下，构成这些草的是各种短促的线条，冲动地、飘荡地、散乱地，组合成不规则的、连续性的、丛聚的野性生命力。鞋淹没在草中，有一点点小的担心，但还未完全迷失。不像钻入比人高的芦苇丛、树林中那样，完全进入到一群植物的内部，被挟裹在未知中。站立在草中央只是个小冒险，局部的介入、局部的对抗、局部的践踏、局部的危险。

《克里斯汀娜的世界》，1948 年，油画、安德鲁·魏斯（*Andrew Wyeth*），纽约现代艺术馆藏

会有道路出现在草地的远端、裂口和边缘。"路"是人类文明和秩序的象征物，也是一种沟通的桥梁，从此到彼的穿越通道。这是没有露面的人的行为的结果，来自权力和知识的作用，有直接的目的，有明确的连接点，有受到控制的边界，于是乎，野草的蔓延、发散，野性的能量与人为道路延伸、穿越的能量的交感、竞争构造出了远望的抒情体验。

道路引导我们的目光伸向远方，而草丛将目光再度带回这一"场所"的深处，让我们矛盾、迷惘，只能驻足此时此刻。

参考文献

1. 劳费尔著 . 林筠因译 . 中国伊朗编 . 北京：商务印书馆，1964.

2. 谢弗著 . 吴玉贵译 . 唐代的外来文明 . 北京：中国社会科学出版社，1995.

3. 佩内洛普·霍布豪斯著 . 童明译 . 造园的故事 . 北京：清华大学出版社，2013.

4. 汤姆·特纳著 . 王向荣译 . 世界园林史 . 北京：中国林业出版社，2011.

5. 费南德兹 - 阿梅斯托著 . 韩良忆译 . 食物的历史——透视人类的饮食与文明 . 台北：
   远足文化，2005.

6. 托比·马斯格雷夫、克里斯·加斯纳著 . 杨春丽译 . 植物猎人 . 北京：希望出版社，
   2005.

7. 陈从周著 . 说园 . 上海：同济大学出版社，2007.

8. 夏纬瑛著 . 植物名释札记 . 北京：农业出版社，1990.

9. 程兆熊著 . 中华园艺史 . 台北：台湾商务印书馆，1985.

10. 吴建华著 . 唐代外来香药研究 . 重庆：重庆出版社，2007.

11. 王启柱著 . 中国农业的起源及发展——中国农业史初探 . 台北：渤海堂，1994.

12. 何　棣著 . 黄土与中国农业的起源 . 香港：香港中文大学，1969.

13. 张光直著 . 中国考古学论文集 . 台北：台北联经，1995.

14. 陈文华著 . 农业考古 . 北京：文物出版社，2002.

15. 张　星著 . 中西交通史料汇编 . 北京：辅仁大学出版社，1930.

16. 姜伯勤著 . 敦煌吐鲁番文书与丝绸之路 . 北京：文物出版社，1994.

17. 宋　岘著 . 古代波斯医学与中国 . 北京：经济日报出版社，2001.

18. 朱筠珍著 . 中国园林植物景观艺术 . 北京：中国建筑工业出版社，2003.

19. 殷登国著 . 中国的花神与节气 . 台北：民生报社，1983.

20. 殷登国著 . 草木虫鱼新咏 . 台北：世界文物出版社，1985.

21. 何家庆著 . 中国外来植物 . 上海：上海科学技术出版社，2012.

22. 中国科学院中国植物志编辑委员会著 . 中国植物志 . 北京：科学出版社， 2004.

23. 程　杰 . 中国水仙起源考 .《江苏社会科学》，2011 年第 06 期 .

24. 陈段芬、高　健、彭镇华 . 水仙属植物研究进展 .《林业科学》，2008 年第 03 期 .

25. 戴玉成、曹　云、周丽伟、吴声华等 . 中国灵芝学名之管见 .《菌物学报》， 2013 年第 06 期 .

26. 翟明普 . *Pinus pinea* 形态描述及中译名校订 .《河北林业科技》，1985 年第 03 期 .

27. 许霖庆 . 非洲紫罗兰·香堇菜·紫罗兰 .《中国花卉盆景》，2000 年第 05 期 .

28. 增　田 . 隐藏在牡丹花中的秘密——久保辉幸 . 人民网（日本版）《日本人在中国》栏目，2011 年第 39 期 .

29. 中国在线植物志 *http://frps.eflora.cn*

30. 中国植物主题数据库 *http://www.plant.csdb.cn*

31. 中国外来入侵物种数据库 *http://www.chinaias.cn/wjPart/index.aspx*

32. A.Crosby. *Ecologial Imperialism: The Biological Expansion of Europe, 900-1900.* London：Cambridge University. Press, 1986.

33. J.Berrall. *A History of Flower Arrangement.* Southampton：The Saint Austin Press，1978.

34. J.Fisher.*The Origin of Garden Plants.* London：Constable& Company, 1983.

35. P. Hulton and L. Smith. *Flowers in Art from East and West.* London：British Museum Publications, 1979.

36. B. Seaton. *The Language of Flowers: A History.* Charlottesville & London：University Press of Virginia, 1995.

37. F.Fernandez-Armesto. *Food: A History.* London：Pan Macmillan, 2001.

38. C.Heiser. *Seed to Civilization: The Story of Man's Food.* San Francisco: Freeman and Company, 1973.

39. H.Baker. *Plants and Civilization.* Belmont, Calif：Wadsworth Pub., 1978.

40. C. Ponting. *A Green History of the World: The Environment and the Collapse of Great Civilizations.* New York：Penguin Books Ltd. 1991.

41. C. Wesley and P.Watson (eds.). *The Origins of Agriculture: An International Perspective.* Washington and London：Smithonian Institute Press, 1994.

42. H.Baumann. *The Greek Plant World: in Myth, Art and Literature.* (1982, trans. by W.T. Stearn and E.R. Stearn, 1993) Portland：Timber Press, 1993.

后记

去年春节，母亲说她老了，养不动花了，原来阳台上摆的几盆花不见了，只剩下卧室窗台上还有两盆好活的。

我对花的最早认识就来自小时候见的这些家常花卉和上学路上突如其来的幽香——洋槐又开花了。后来在国内外旅行途中，去了不少植物园、自然博物馆、国家公园，对植物在不同文化中的意义、传播产生兴趣，边走边看边想，断断续续写下一些文字，形成本书的初稿。

这些文字能够修订成文和出版，要感谢北京科普创作出版专项资金给予的出版资助。我尝试在科学和人文交叉视野中观察、探讨植物相关的文化现象及其生成机制，在文字之外，还用中外的美术、考古、历史文献图像给予印证和对照，希冀能让大家"审美地"进行阅读和认知。

感谢北京理工大学范春萍教授给予的建议和鼓励，北京大学王一方教授等专家学者给予的评审和指导，感谢平面设计师肖晓女士简洁而美好的设计，感谢曹雪萍女士曾编发部分文章于《人民文学》杂志。感谢艺术家曾健勇先生惠允使用他的作品《还上枝头 No.2》作为扉页插图。

最后，感谢我的家人和旅途中碰见的朋友，是你们指点粗心的我辨认那些植物，并让我得以看见和体验更多的东西。

周文翰

图书在版编目(CIP)数据

花与树的人文之旅/周文翰著.—北京:商务印书馆,
2016(2017.6 重印)

ISBN 978-7-100-12238-2

Ⅰ.①花… Ⅱ.①周… Ⅲ.①植物—文化—研究
Ⅳ.①Q94

中国版本图书馆 CIP 数据核字(2016)第 103050 号

花与树的人文之旅

周文翰 著

商 务 印 书 馆 出 版
(北京王府井大街 36 号 邮政编码 100710)
商 务 印 书 馆 发 行
北京新华印刷有限公司印刷
ISBN 978-7-100-12238-2

2016 年 6 月第 1 版　　　开本 787×1092 1/16
2017 年 6 月北京第 3 次印刷　印张 20
定价:98.00 元